만화로 보는
냉동공조이야기

글 김종수 · 박기원
강희찬 · 서광수
윤세창 · 김재수
남태호

그림 정상혁

만화로 보는 **냉동공조** 이야기

초판 4쇄 발행 2022년 7월 15일
초판 3쇄 발행 2019년 1월 30일
초판 2쇄 발행 2016년 6월 20일
초판 1쇄 발행 2014년 9월 20일

저자 김종수, 박기원, 강희찬, 서광수
　　　윤세창, 김재수, 남태호
그림 정상혁
펴낸이 차승녀
펴낸곳 도서출판 건기원

등록 제11-162호, 1998. 11. 24
주소 경기도 파주시 연다산길 244(연다산동 186-16)
전화 (02)2662-1874~5
팩스 (02)2665-8281
이메일 kkw1414@hanmail.net

ISBN 979-11-5767-680-4 07540

값 20,000원

- 건기원은 여러분을 책의 주인공으로 만들어 드리며 출판윤리강령을 준수합니다.
- 본 교재를 복제·변형하여 판매·배포·전송하는 모든 행위를 금하며, 이를 위반할 경우 저작권법 등에 따라 처벌받을 수 있습니다.

추천의 글

　쾌적하고 안전한 거주공간을 만들기 위한 노력은 인류의 역사와 그 맥을 같이 해 왔습니다. 냉동은 건축물의 냉방을 비롯하여 산업 분야에서 필요로 하는 열의 냉각이나 냉장을 위한 것이고, 공기조화는 건축물의 냉난방, 환기를 통해 쾌적한 실내환경을 제공하기 위한 것으로 모두 우리 생활과 매우 밀접한 기술 분야입니다. 또한 냉동공조 산업은 우리나라의 중추적인 산업 분야의 하나로서 건축설비뿐 아니라 의료산업, 식품산업, 플랜트산업 등 첨단산업 분야에서 그 중요성이 나날이 증대되고 있습니다.

　이 책은 냉동공조 기술의 핵심적인 내용을 알기 쉽게 만화로 풀이하여 설명하고 있습니다. 지금까지 전문 서적이나 교재들이 많이 나와 있지만 어려운 기술적 내용을 이처럼 알기 쉽게 설명한 책은 그리 많지 않습니다. 이 분야에 처음 접하는 독자들에게 친절한 입문서가 될 뿐만 아니라 전공자들에게 기본적인 개념들을 정리할 수 있는 좋은 참고서가 될 것입니다.

　이 책으로 인하여 냉동공조 분야에 대한 독자들의 많은 관심을 불러일으키고 올바른 이해를 갖게 함으로써, 에너지 절약적인 기술이 지속적으로 개발되고 미래의 첨단산업을 선도하는 핵심 산업으로 자리 잡는 데 일조하리라 믿습니다. 그동안 집필하신 저자 분들께 좋은 책을 출간하신 데 대해 경의를 표합니다.

2014. 4. 1
대한설비공학회 회장
국민대학교 교수 한화택

책을 내면서

오랫동안 냉동과 공기조화를 연구하고, 강의하여 온 저자들은 산천과 마음을 곱게 물들이는 2008년 가을, 대명 비발디에서의 우연한 만남을 추억으로 곱게 남기기 위하여 애매하면서도 어렵다고 생각되는 '냉동과 공기조화의 원리'가 머릿속으로 쏙쏙 들어오게 하는 "만화로 보는 냉동공조이야기"라는 책을 세상에 선보이고자 결의하였습니다. 이 책은 '냉동편'과 '공기조화편'으로 구성되어 있으며, 되도록이면 어려운 수식을 피하고 저자들의 오랜 강의 경험과 교육 경력을 바탕으로 우리 생활 속의 현상을 비유하여 쉽게 이해할 수 있도록 이야기 형식의 만화로 집필하였습니다.

그러나 이 책을 펴내기 위하여 저자들은 2008년 11월부터 5년 5개월 동안 전국적으로 흩어져 있으면서도 나름대로 작업한 것을 16차례에 걸친 만남과 수많은 전화와 이메일 등을 주고받아 가면서 토의 및 수정 작업을 위해 각고의 노력을 하였습니다. 그리고 이 책을 펴내기까지 오랜 기간 동안 시나리오 작업과 콘티 작업을 거쳤으며, 냉동 및 공기조화에 대하여 문외한인 만화가를 이해시켜 가면서 만화를 완성하는 데만도 1년 6개월이 소요되었습니다. 저자들도 처음 써 보는 만화 성격의 시나리오 작업에 애를 먹었으며, 만화가와 만나 콘티 작업을 하면서 또다시 시나리오를 일부 수정하는 등 지금까지 전문 서적의 저술에만 힘써 왔던 저자들이 처음 접하는 만화 작업을 하느라 많은 어려움을 겪기도 하였습니다.

이렇게 많은 애로를 통해 탄생된 이 책이 처음 시도되는 형식이라 아직은 다소 미흡한 점이 있다 하더라도 냉동 및 공기조화 분야를 처음 접하는 초보자, 전공 학생, 관련 엔지니어들에게 기본 개념을 쉽게 이해시킬 수 있는 나침반이 되기를 바랍니다.

그리고 긴 세월 동안 한마음으로 훌륭한 글을 써 주시고 모든 작업 과정에 적극적으로 참여해 주신 가천대학교 서광수 교수님, 경기과학기술대학교 윤세창 교수님, 전남대학교 박기원 교수님, 군산대학교 강희찬 교수님, 백령중학교 김재수 선생님, 충남해양과학고등학교 남태호 선생님과 어려운 냉동과 공기조화를 공부해 가면서 멋진 만화를 그려 주신 정상혁 만화가에게 진심으로 감사드립니다.

 또 기꺼이 출판을 허락해 주신 건기원 노형두 사장님께도 감사드립니다.

2014년 4월
대표저자 김종수 드림

저 자 소 개

▶ 김종수(金鍾秀)

1954년생, 부경대학교 냉동공조공학과 교수, 공학박사
일본 와세다대학 교환교수(열공학연구실)
주요 저서로『산업용 공조시스템 실무(2011, GS인터비전)』,
『열교환기 설계 및 연습(2011, 고려동)』,
『수송기계 냉동공조 시스템(2010, GS인터비전)』등이 있음.

▶ 박기원(朴基元)

1960년생, 전남대학교 냉동공조공학과 교수, 공학박사
일본 오카야마대학 객원연구원(전열공학연구실)
주요 저서로『고등학교 냉동공조기기, 냉동공조실무(2014, 전라남도교육청)』,
『공기조화공학(2007, 전남대학교출판부)』,
『공기조화설비의 설계요령(2006, 평화인쇄출판공사)』등이 있음.

▶ 강희찬(姜熙瓚)

1962년생, 군산대학교 기계자동차공학부 교수, 공학박사
미국 Illinois(일리노이)주립대 방문연구원(기계공학 및 과학과)
주요 저서로『실용열전달(2013, 사이텍미디어)』,
『공기조화 및 냉동(2002, Prentice Hall)』,
『열전달(2001, 교보문고)』등이 있음.

▶ 서광수(徐光洙)

1952년생, 가천대학교 건축설비공학과 교수
냉동공조분야 국가직무능력표준(NCS) 개발위원
주요 저서로『냉동공학(2009, 건기원)』,
『냉동설비공학(1997, 태훈출판사)』,
『공기조화설비(1996, 기문당)』등이 있음.

▶ 윤세창(尹丗昌)

1954년생, 경기과학기술대학교 공조기계과 교수, 공학박사
냉동공조기계 기사자격증 제도 설립위원(한국산업인력공단)
주요 저서로『냉동기계실무(2014, 건기원)』,
『최신냉동공학(2013, 건기원)』,
『냉동영어(2013, 건기원)』등이 있음.

▶ 김재수(金在守)

1958년생, 백령중학교 교사, 공학석사
인천해양과학고등학교 공조냉동과 설립 및 학과장 역임
주요 저서로『공조냉동기계기능사(2007, 건기원)』,
『냉동계열실습CD(1997, 한국교육학술정보원)』,
『공조냉동기능사(1994, 구민사)』등이 있음.

▶ 남태호(南泰好)

1976년생, 충남해양과학고등학교 냉동공조과 교사
부경대학 수산교육과 냉동공학 전공, 냉동공조기계기사
기능대회 출전선수 이론/실무 지도
냉동공조관련 각종 교과서 등의 집필/검수/검토

CONTENTS

냉동편

1. 냉동의 역사 _ 김재수 16
2. 냉동의 원리와 극저온 _ 박기원 26
3. 열이란 무엇인가? _ 김종수 37
4. 비열 _ 김종수 42
5. 감열과 잠열 _ 김종수 44
6. 열역학 제1법칙 _ 김종수 49
7. 열역학 제2법칙 _ 김종수 53
8. 냉매 _ 서광수 61
9. 냉매의 순환 _ 서광수/김재수 65
10. 냉매와 지구환경 _ 서광수 71
11. 냉매 분류와 대체냉매 _ 서광수 80
12. 냉동사이클의 이해 _ 윤세창 86
13. 압축기와 우리 몸의 심장 _ 김재수 102
14. 냉동장치와 우리 몸 _ 김재수 112
15. 히트펌프의 이해 _ 윤세창 126
16. 냉동의 응용 _ 박기원 130

공기조화편

1. 공기조화의 역사 _ 서광수 148
2. 공기의 성분과 성질 _ 김종수 156
3. 실내공기의 품질 _ 김종수 160
4. 공기의 상태변화 _ 강희찬 162
5. 에어컨과 기관지 _ 강희찬 169
6. 습도 변화와 열량 _ 강희찬 177
7. 열의 차단과 열부하 _ 강희찬 191
8. 공기조화의 방식 _ 남태호 201
9. 공기조화기의 구성 _ 남태호 216
10. 펌프와 송풍기 _ 강희찬 228
11. 공기가 다니는 길 _ 남태호/박기원 242

만화로 보는 냉동공조 이야기

만화로 보는 냉동공조 이야기

냉 온
 앙 펀

1. 냉동의 역사

만화로 보는 냉동공조 이야기

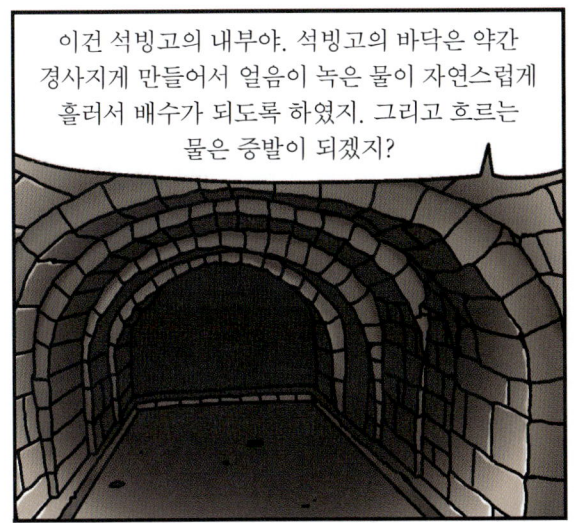
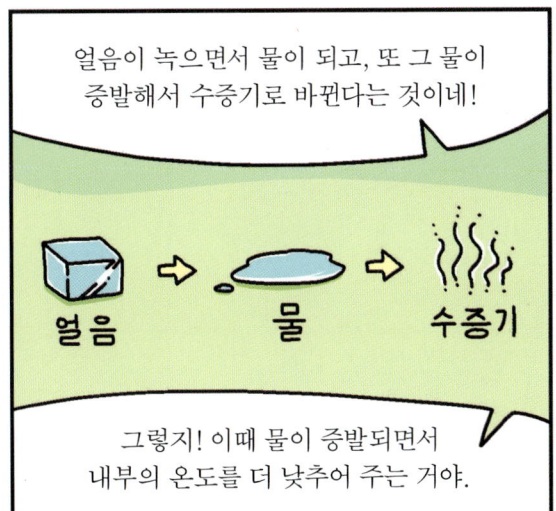

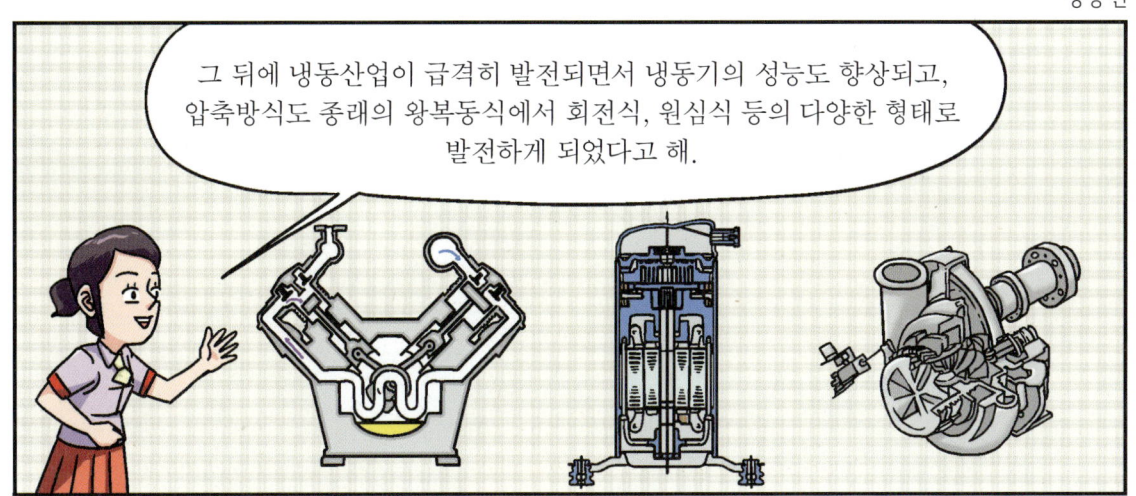

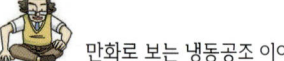

냉 동 편

1. **냉동(좁은 뜻)**
   ① 냉각 : 얼지 않는 범위에서 온도를 낮추는 조작
   ② 동결 : 얼리는 조작
2. **냉장**
   ① 빙장 : 얼음을 사용하여 냉각상태를 유지
   ② 냉각저장 : 냉각기를 사용하여 냉각상태를 유지시키는 조작
   ③ 동결저장 : 동결장치를 사용하여 동결상태를 유지시키는 조작
3. **공기조화**
   ① 쾌감공조 : 실내에 있는 사람을 대상으로 공기를 쾌적상태로 유지
   ② 산업공조 : 생산공정이나 물품을 대상으로 최적의 공기상태를 유지

이것들을 모두 묶어 '냉동공조'라고 해!

2. 냉동의 원리와 극저온

냉동편

만화로 보는 냉동공조 이야기

냉동편

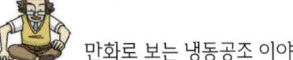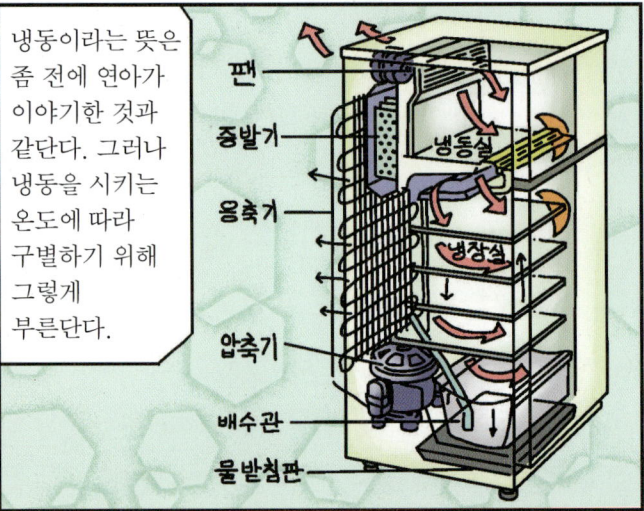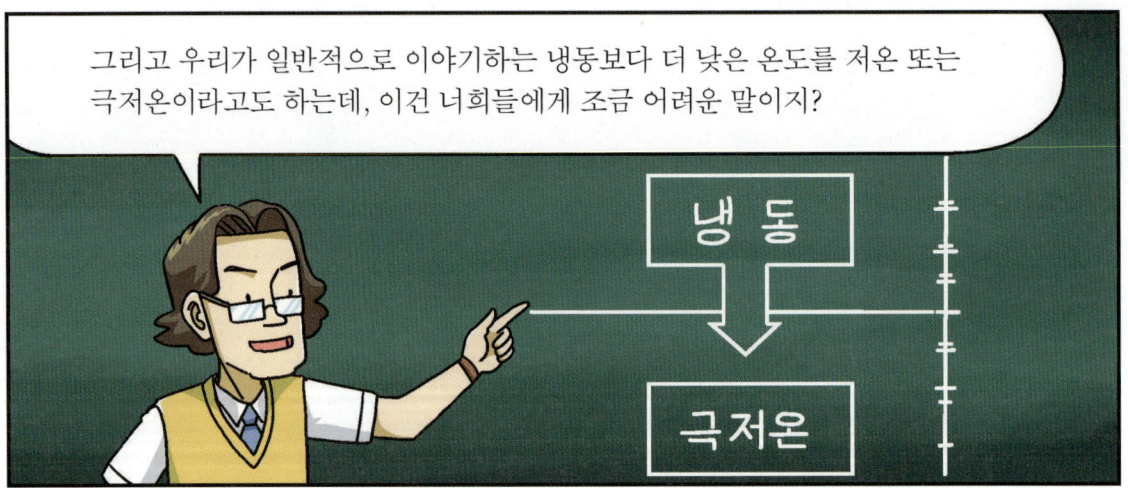

만화로 보는 냉동공조 이야기

냉 박사예요!
냉동의 원리에 대해서는 선생님께서 설명을 잘하셨고, 연아도 좀 알고 있는 것 같은데, 냉 박사가 다시 한 번 정리해 볼까?

❖ 냉동의 정의

19세기까지는 냉동의 주 목적이 물을 냉각하여 얼음을 만드는 것이었기 때문에 냉동을 '냉각하여 얼리는 것'이라고 하였지만, 오늘날의 냉동은 음료수를 시원하게 하는 등 얼리지 않는 경우가 더 많으므로, '식히거나 얼리는 것'이라고 하는 것이 옳겠다. 따라서 냉동이란 일정한 공간이나 물체의 온도를 주위의 온도보다 인위적으로 낮추는 조작을 말하며, 여기에는 얼지 않는 범위에서 온도를 낮추는 냉각과 얼리는 동결의 두 가지 뜻을 다 포함한다고 보는 것이 좋겠지. [그림 1 참조]

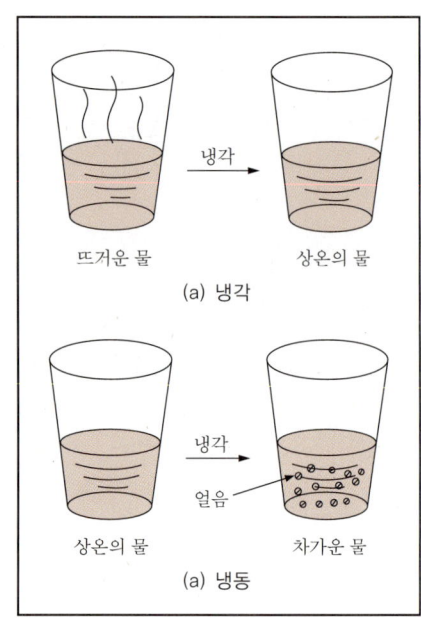

[그림 1_ 냉각과 냉동]

❖ 냉동의 원리 및 방법

한여름에 마당이나 길에 물을 뿌리면 주위가 시원해짐을 느낀다거나 운동을 하고 난 후 땀이 마르면서 시원해지는 느낌을 느끼는 것은 물이나 땀의 온도가 주위 온도보다 낮기 때문이 아니라, 이들이 증발하여 기체가 될 때에 열을 빼앗아 가는 냉각 작용 때문이란다.

이처럼 주위보다 낮은 온도로 만드는 것은 선생님께서 예를 들었듯이 얼음이 녹으면서 열을 빼앗아 가는 경우도 있지만, 액체가 증발하면서 열을 빼앗아 가는 경우도 있고, 드라이아이스와 같이 기화하면서 열을 빼앗아 가는 경우 등 여러 가지가 있단다.

또 냉동을 하는 방법에도 액체나 고체를 가만히 두어도 스스로 녹거나 기체로 바뀌면서 열을 빼앗는 경우도 있지만[그림 2 참조], 기계를 써서 강제적으로 열을 빼앗도록 하는 방법도 있단다. 이처럼 기계를 사용하여 냉동하는 것을 기계식 냉동이라 하고, 이때 사용되는 기계를 냉동기[그림 3 참조]라 한단다. 그러나 기계식 냉동에도 여러 가지 방법이 있기 때문에 냉동기의 구성도 조금씩 달라진단다.

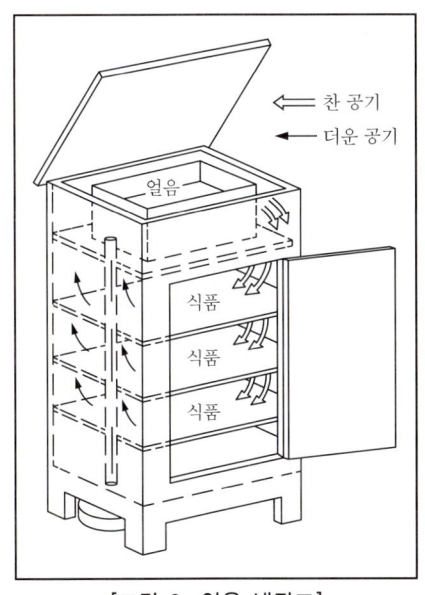

[그림 2_ 얼음 냉장고]

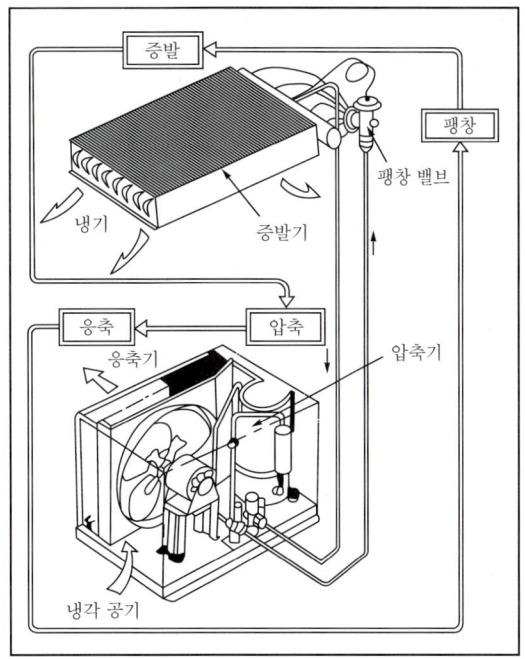

[그림 3_ 기계식 냉동기]

✤ 극저온

 냉동을 이용하는 온도범위에 따라 구분해 보면 대체적으로 공기조화나 식품의 냉동 등은 일반적인 냉동기로써도 가능하지만, 저온이나 극저온(초저온) 상태를 만들기 위해서는 그에 맞는 특수한 냉동기를 사용하여야 한단다. [그림 4 참조]

 즉, 극저온은 온도범위가 명확하게 구분되지는 않지만, 보통 넓게는 액체산소의 끓는점인 약 90 K(약 −183℃) 이하를 말하며, 좁게는 액체헬륨의 끓는점인 약 4.2 K(약 −269℃)를 사용하는 온도범위를 가리킨단다. 이 온도범위에서는 열운동의 방해 없이 양자효과를 거시적으로 관측할 수 있으며, 초유동, 초전도 현상 등 상온에서 볼 수 없는 현상들이 발생한단다. [그림 5 참조]

 1908년 네덜란드의 카메를링 오너스 연구소에서 헬륨 액화에 성공한 이래, 그 연구소의 케솜을 비롯해서, 소련의 카피차, 미국의 버튼 등의 연구가 유명하며, 특히 제2차 세계대전 후 미국에서 활발히 연구되고 있단다. 극저온의 물질에서는 상온에서는 전혀 볼 수 없는 현상이 일어나고 있는데, 이 현상은 물성론(物性論)상 중요한 의미를 지니고 있단다.

 즉, 물질을 구성하는 원자의 열운동이 거의 없어지고, 열운동에 의해서 가려져 있던 양자효과가 거시적 물성현상으로써 관측된단다. 특히, 액체헬륨의 초유동(超流動)과 금속이나 화합물의 초전도(超傳導)의 현상은 그 대상이 전혀 상이함에도 불구하고 유사점이 많고, 양자효과가 다같이 두드러지게 크단다. 다만, 전자(電子)는 페르미-디랙통계에 따르나 헬륨은 보스-아인슈타인통계에 따르는 경우가 많단다. 이들 현상은 발견된 지 수십 년이 지났으나, 실험의 어려움과 이론의 난해성 때문에 그 본질은 아직도 해명되지 않았단다. 극저온 물질의 비열(比熱)이나 자기적 성질을 규명하는 일과 함께, 앞으로의 물성론의 중심적 과제란다.

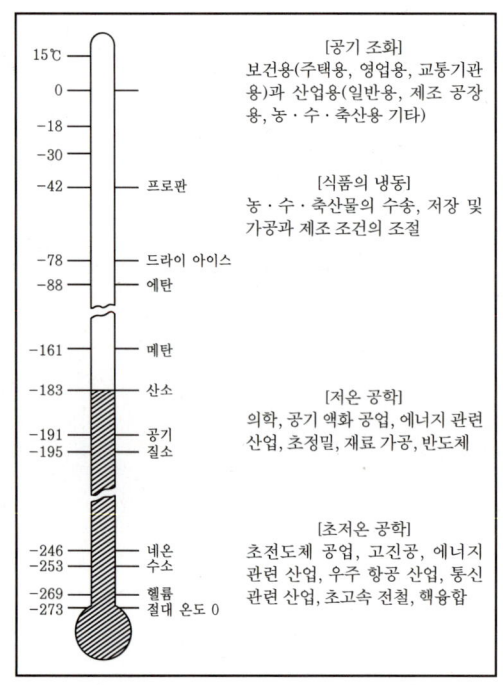

[그림 4_ 냉동을 이용한 온도범위]

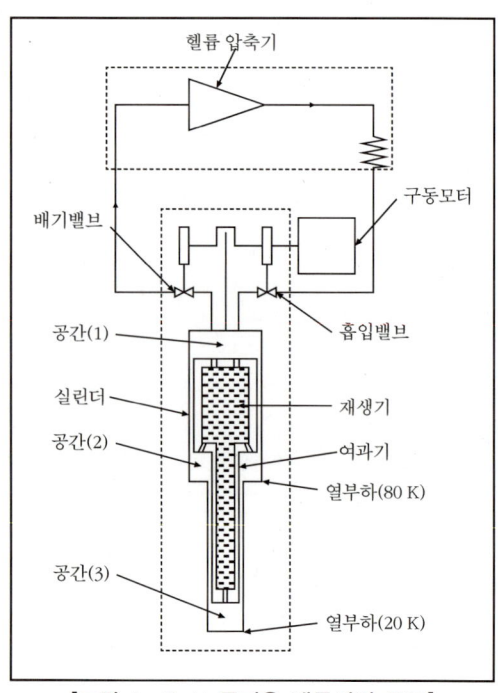

[그림 5_ G-M 극저온 냉동기의 구조]

3. 열이란 무엇인가?

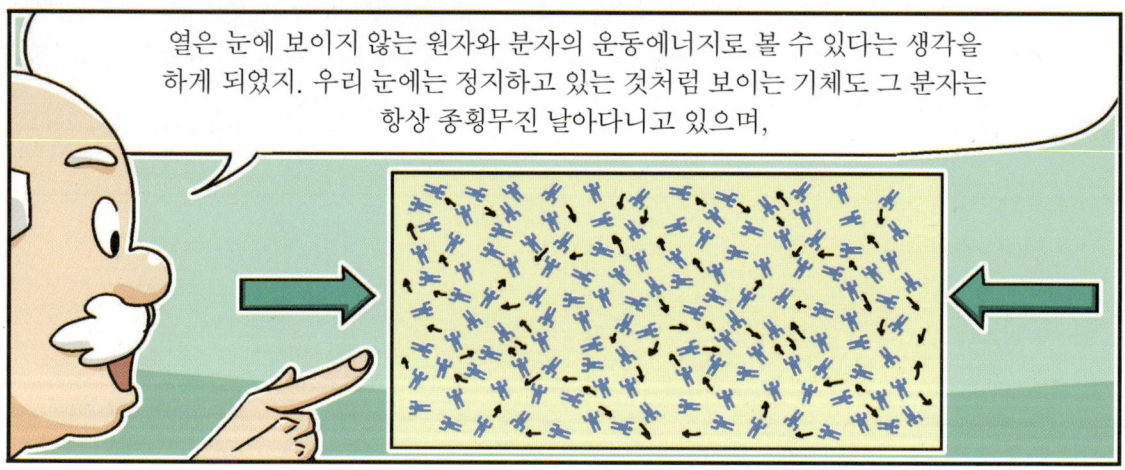

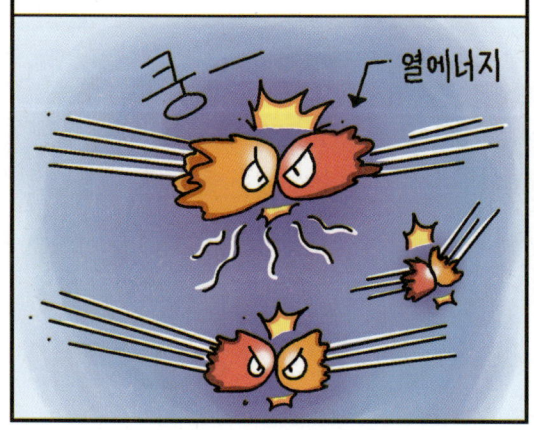

분자의 운동에너지는 절대온도에 비례하기 때문에 열을 공급하여 온도가 올라가면 분자의 운동이 활발해지며,

또한 절대온도 0 K에서는 분자의 운동이 완전히 정지된단다.

그리고 열은 무게와 부피를 가지고 있지도 않고 물질도 아닌 에너지의 일종이지. 또 열은 두 물체 사이의 온도 차에 의하여 한 물체에서 다른 물체로 이동하는 에너지란다.

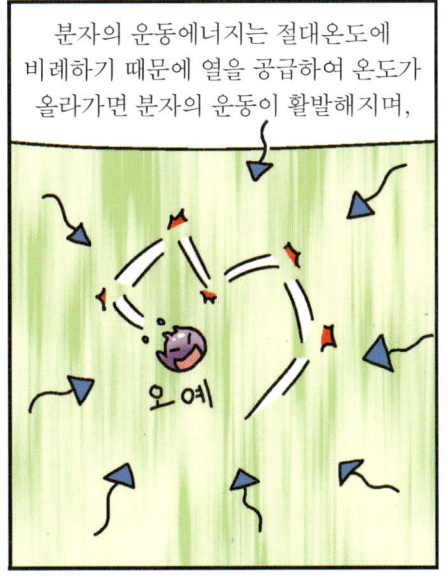

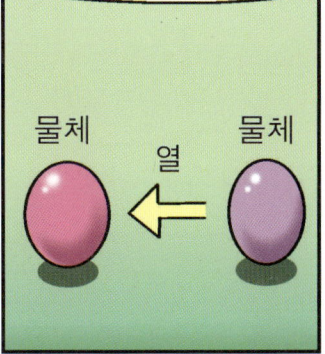

즉, 열은 항상 고온에서 저온으로 이동하며, 반대 방향으로는 스스로 이동하지 않지.

박사님! 온도에 대해서도 자세히 설명해 주세요.

열을 다루는 데 있어서 가장 중요한 정보가 온도란다. 온도를 모르면 열에 대한 정보를 하나도 알 수 없으니까.

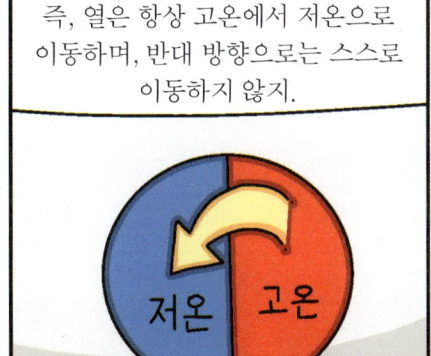

온도란 물체의 뜨겁고 찬 정도를 나타내는 척도인데, 표준대기압(1기압)에서 물의 어는점을 0도, 끓는점을 100도로 하여 그 사이를 100등분한 온도 눈금을 섭씨눈금(Celsius scale)이라 하며, 과학자의 이름(Celsius)을 따서 ℃로 표시하지.

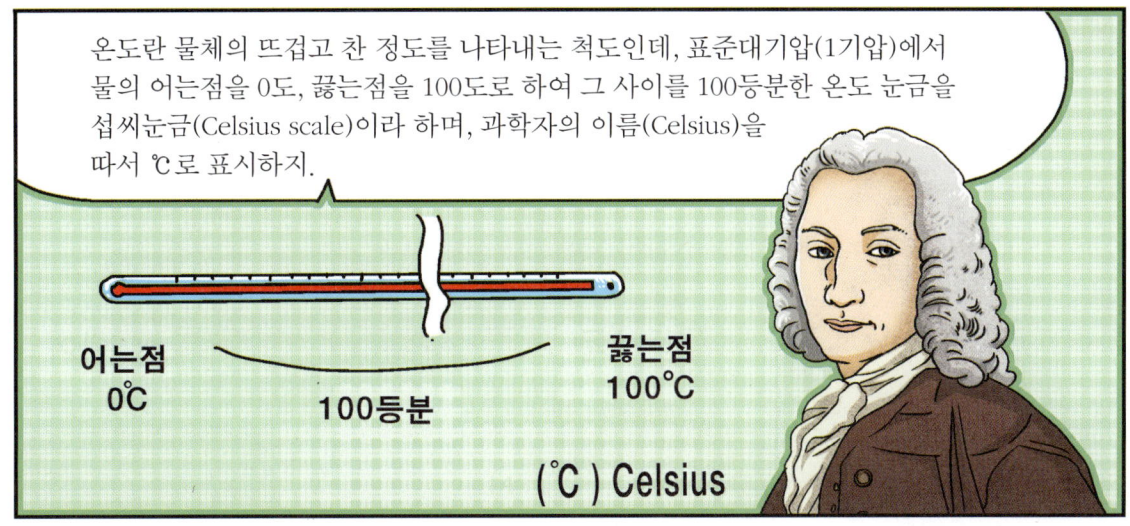

영국이나 미국에서 사용하는 화씨눈금은 표준대기압에서 물의 어는점을 32도, 끓는점을 212도로 하여 그 사이를 180등분한 것으로, 역시 과학자의 이름(Fahrenheit)을 따서 °F로 표시하지.

또 다른 하나의 온도는 앞에서 이야기한 절대온도인데 켈빈온도로 나타낸단다.

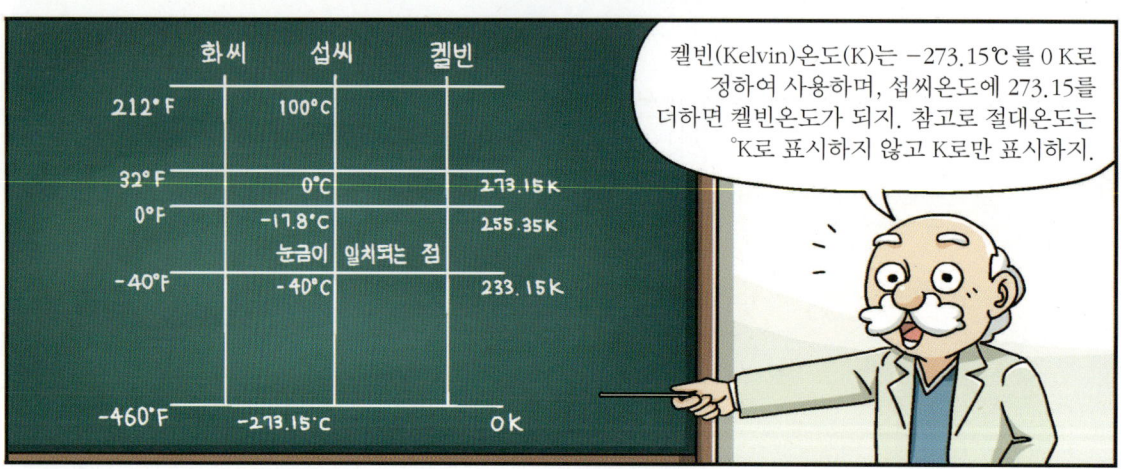

켈빈(Kelvin)온도(K)는 -273.15℃를 0 K로 정하여 사용하며, 섭씨온도에 273.15를 더하면 켈빈온도가 되지. 참고로 절대온도는 °K로 표시하지 않고 K로만 표시하지.

박사님! 열이 눈에 보이지는 않지만 열량을 알 수 있어야 냉동공조를 공부할 수 있을 것 아닌가요?

그래, 맞아.

온도차가 크면 많은 양의 열이 이동하고, 온도차가 작으면 적은 양의 열이 이동하므로 열의 양(열량)을 나타내는 개념이 필요하지.

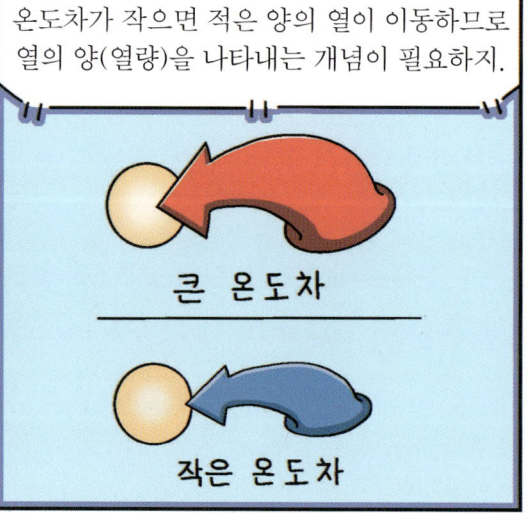

온도는 열의 세기 정도를 나타낼 뿐이며, 열의 양을 나타내는 것은 아니지. 그래서 열은 직접 측정할 수 없으므로 온도의 변화를 측정함으로써 알 수 있지.

온도의 변화

일반적으로 가장 널리 사용되고 있는 열량의 단위는 kcal인데, 1 kcal는 1 kg의 물을 1℃ 올리는 데 필요한 열량이지.

요즈음은 열량을 줄(Joule, J)이란 단위로도 나타내는데, 1 kcal는 약 4200 J(=4.2 kJ)이란다.

열은 소멸될 수 없으므로 어떤 한 물체에서 열이 방출되면 그 열은 반드시 그 물체보다 온도가 낮은 다른 물체에 흡수되며, 방출된 열량과 흡수된 열량은 같아진단다.

이것을 우리는 열량 보존의 법칙 또는 에너지 보존의 법칙이라 하지.

열량 보존의 법칙

에너지 보존의 법칙

4. 비열

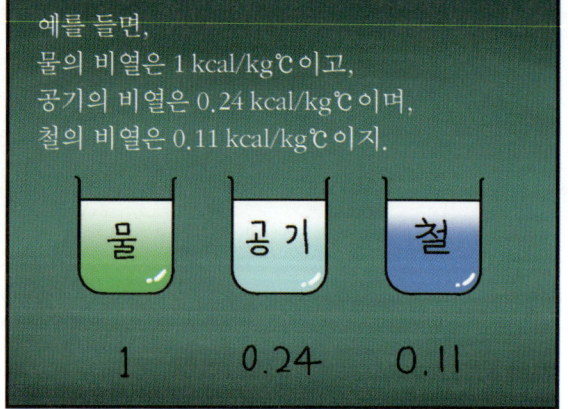

그리고 과학자들은 후학들이 공부하기 쉽도록 물의 비열을 기준값으로 1 kcal/kg℃로 정하고, 다른 물질이 가지고 있는 비열의 비례값을 정했다고 보면 된단다. 따라서 철 1 kg을 1℃ 올리는 데는 0.11 kcal밖에 필요하지 않지만, 물 1 kg을 1℃ 올리는 데는 1 kcal가 필요하게 되지.

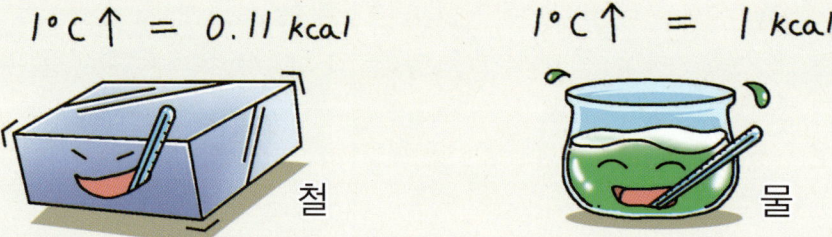

*영어로 비열은 specific heat라고 함.

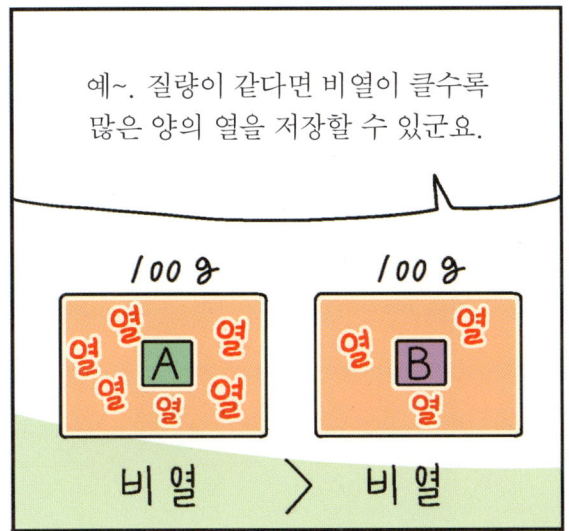

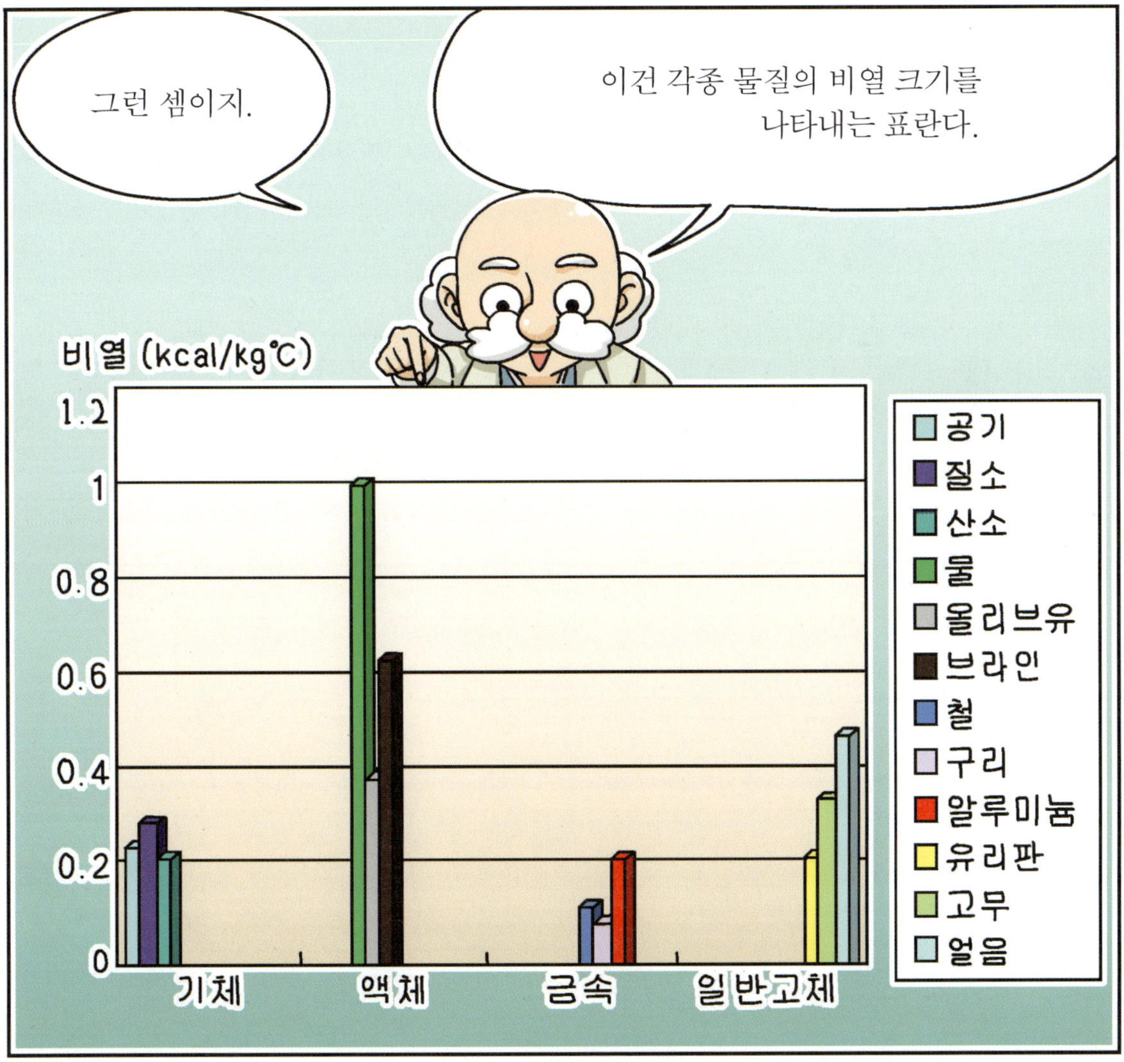

5. 감열과 잠열

만화로 보는 냉동공조 이야기

박사님! 먼저 얼음과 물 그리고 수증기에 대해 아까 드렸던 질문에 대답해 주세요.

열은 물체의 온도만을 변화시키는 것이 아니라 형태도 변화시키는 요술쟁이란다. 물을 얼리면 응고되어 고체인 얼음이 되고, 물을 끓이면 기화하여 수증기가 되지.

열은 물체에 미치는 영향에 따라 잠열(숨은 열)과 감열(느낄 수 있는 열)로 나눌 수 있어.

따라서 온도는 변하지 않고 상태만이 변화될 때에 출입하는 열을 잠열이라고 하며, 열의 이동에 의하여 상태는 변하지 않고 온도만 변하는 경우에 그 물질에 출입하는 열을 감열이라고 한단다.

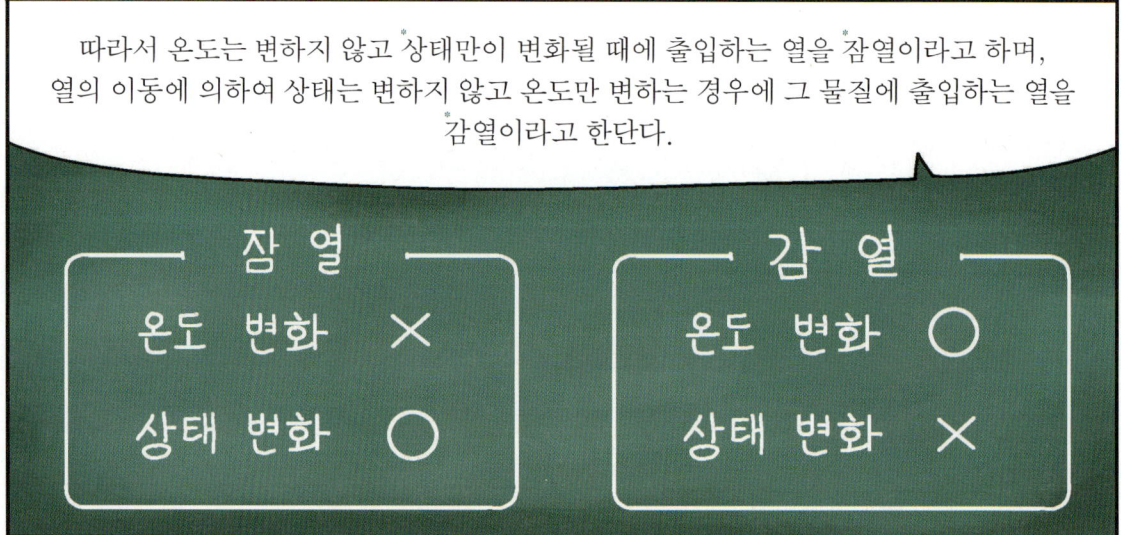

*영어로 상태변화는 phase change, 잠열은 latent heat, 감열은 sensible heat라고 함.

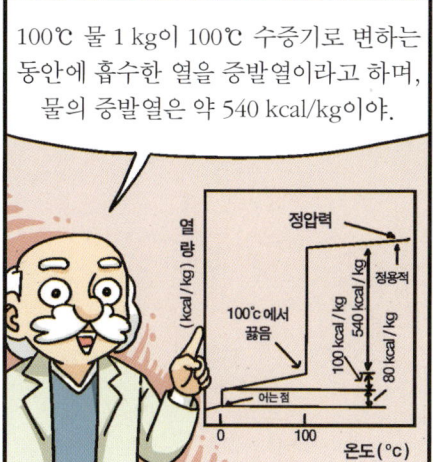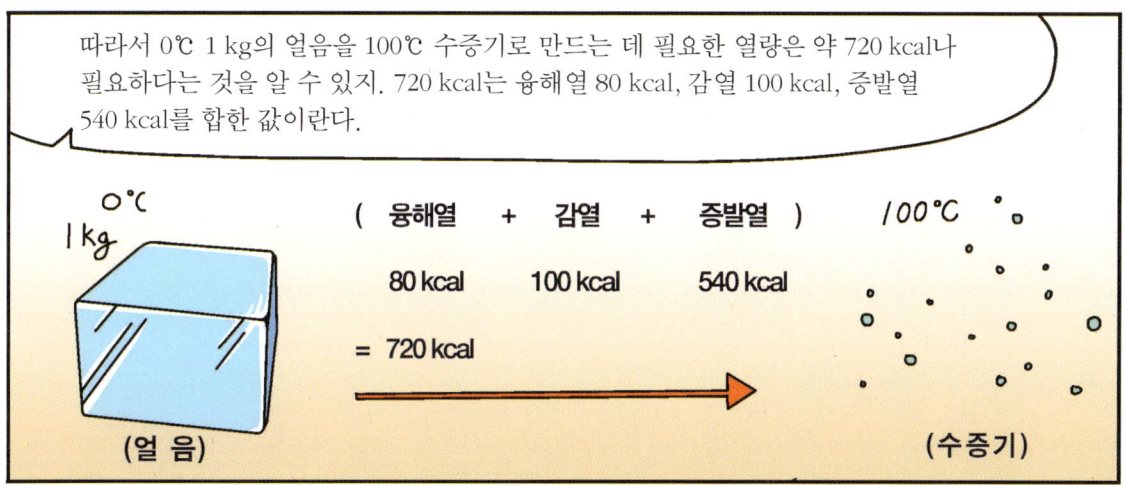

에너지란 만물의 원동력이지. 모든 생명체는 에너지를 필요로 하니까.
그 종류로는 빛에너지, 전기에너지, 원자력에너지, 운동에너지, 위치에너지, 압력에너지, 열에너지 등이 있단다.

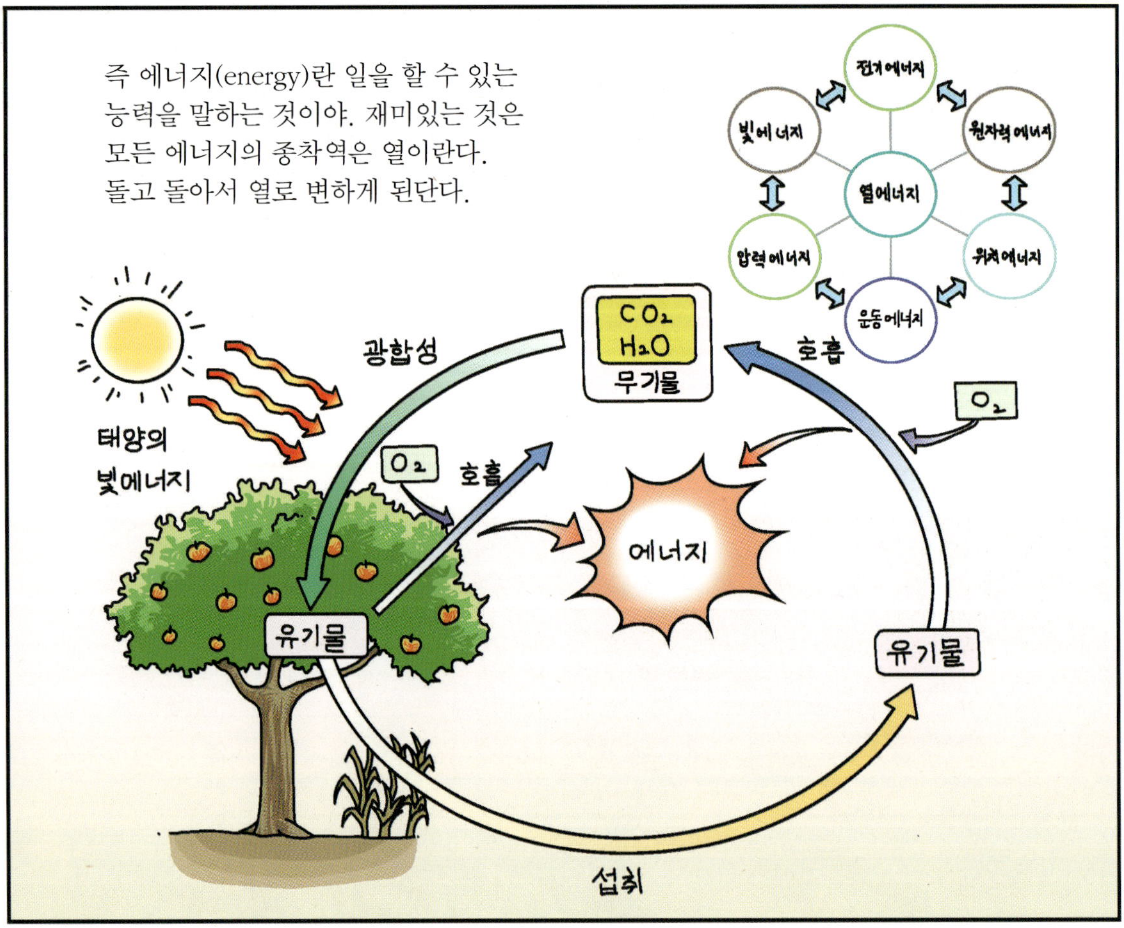

즉 에너지(energy)란 일을 할 수 있는 능력을 말하는 것이야. 재미있는 것은 모든 에너지의 종착역은 열이란다. 돌고 돌아서 열로 변하게 된단다.

6. 열역학 제1법칙

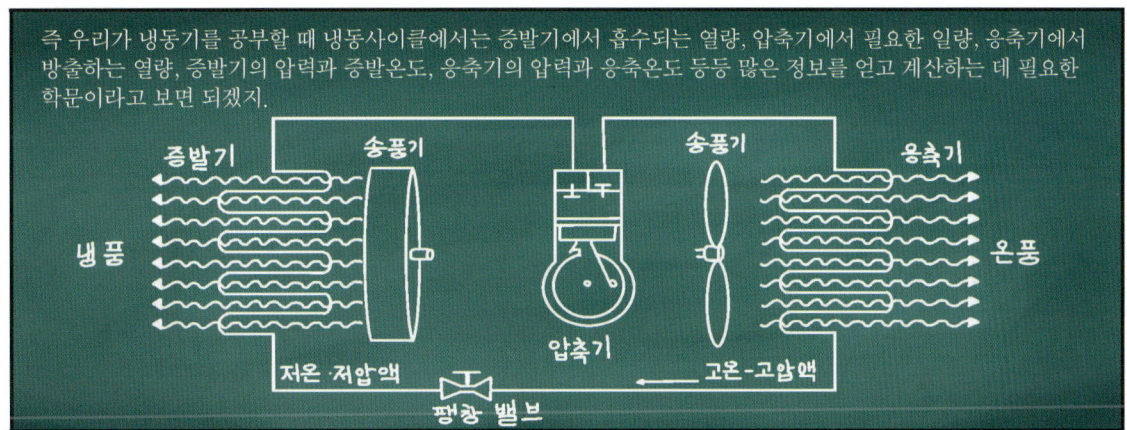

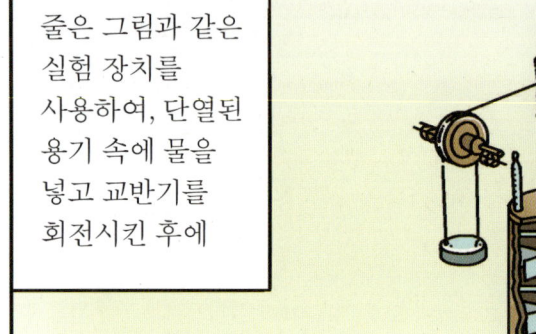

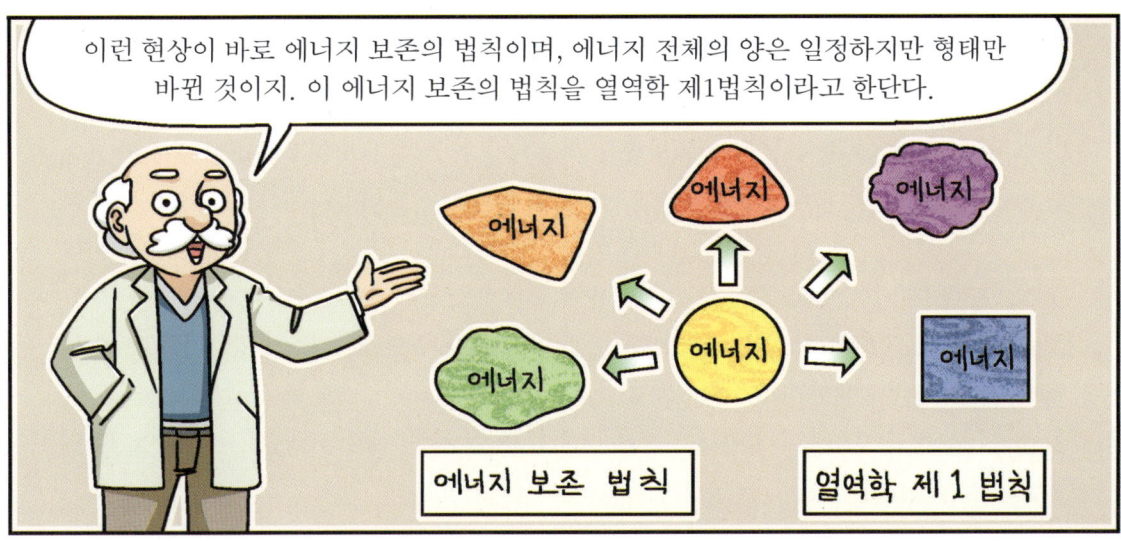

어떤 물체에 에너지가 들어가면 일부는 열로 내부에 저장되고, 일부는 그 물체에서 빠져나가 외부의 일을 하게 되지. 이때 내부에 저장되는 열을 내부에너지(U)라 하고, 외부에 대하여 한 일을 외부에너지(W)라고 하지. 어떤 물체에 열(Q)을 가하여 그 사이에 일(W)을 하고 물체의 온도가 상승하여 내부에너지(△U)가 상승했다면, 열역학 제1법칙에 의하여 다음과 같은 등식이 성립하지.

그림과 같은 피스톤을 예로 들어 설명하면 쉽게 이해할 수 있을 거야.

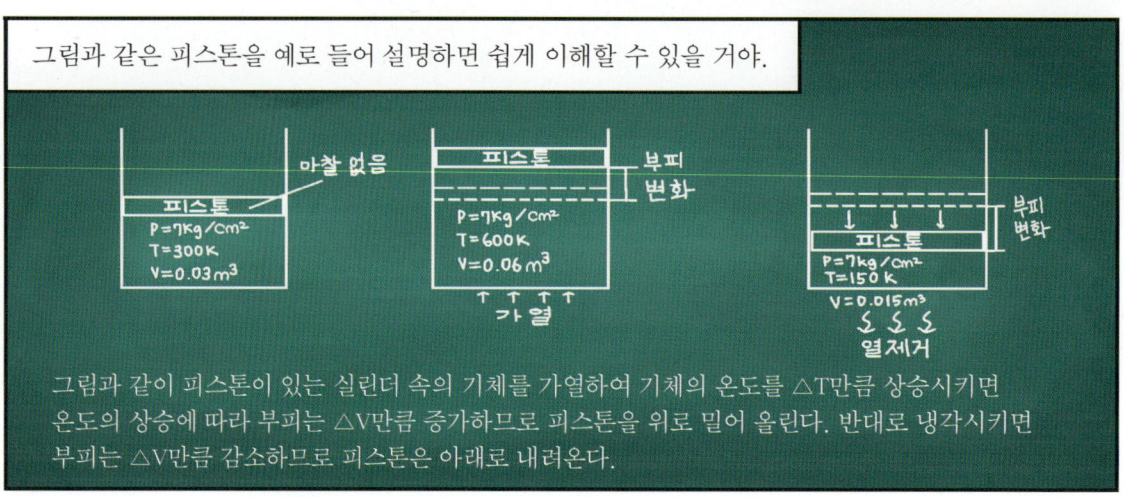

그림과 같이 피스톤이 있는 실린더 속의 기체를 가열하여 기체의 온도를 △T만큼 상승시키면 온도의 상승에 따라 부피는 △V만큼 증가하므로 피스톤을 위로 밀어 올린다. 반대로 냉각시키면 부피는 △V만큼 감소하므로 피스톤은 아래로 내려온다.

동일한 압력에서 물체의 부피가 증가하면 피스톤을 움직여서 외부에 일을 한 것이고,

부피가 줄어들면 외부로부터 물체에 일이 가해진 것이란다.

실린더 내부에 가한 열량은 실린더 내에 있는 기체의 온도 상승분에 해당하는 내부에너지 증가량과 기체의 팽창에 의한 외부 일량에 상당하는 외부에너지를 더한 값과 같게 되는 것을 알 수 있지.

7. 열역학 제2법칙

*영어로 엔탈피는 enthalpy이며, 엔트로피는 entropy임.

예를 들면, 0℃, 1기압인 물 1 kg의 엔탈피를 0 kcal/kg이라고 기준점을 정해 놓고, 물의 온도를 변화시키는 데 필요한 열량을 계산하면 물의 비엔탈피가 되지.

즉, 15℃ 물 1 kg의 온도를 0℃에서 15℃까지 높이는 데 필요한 물의 총열량으로는 15 kcal가 되므로, 물의 엔탈피는 15 kcal/kg이 되지.

따라서 다음 식으로 계산할 수가 있지.

물의 엔탈피=
질량 × 비열 × 온도차
= 1 kg × 1 kcal/kg℃ × (15 − 0)℃ = 15 kcal
= 1 kg × 4.2 kJ/kgK × (288 − 273) K = 63 kJ

너희들은 냉동공조를 공부하니까 먼저 냉매에 대한 엔탈피를 예로 들어 보자. 일반적으로 냉매 엔탈피의 기준점은 0℃ 포화액의 엔탈피를 200 kJ/kg으로 정하고 있으므로 냉매 R-134a 10℃ 포화액의 엔탈피를 계산하면 213.67 kJ/kg이 되지.

h =
200 kJ + 1 kg × 1.367 kJ/kg℃
     × (10 − 0)℃ = 213.67 kJ
(R134a 10℃ 포화액의 비열 : 1.367 kJ/kg℃)

또 습공기의 엔탈피는 기준점을 0℃ 공기와 0℃ 물의 엔탈피를 각각 0 kJ/kg으로 정하였고, 습공기는 건공기와 수증기의 혼합물이므로 건공기의 엔탈피(ha)와 수증기의 엔탈피(hv)를 더하면 습공기의 엔탈피가 되지.

습공기 엔탈피 = 건공기 엔탈피 (ha) + 수증기 엔탈피 (hv)

그럼, 건구온도 20℃, 절대습도가 0.010 kg/kg인 습공기의 엔탈피를 계산해 볼까?

h = ha + hv
  = {1 kg × 1.006 kJ/kg℃ × 20℃}
   + 0.010 × {1.845 kJ/kg℃ × 20℃
   + 2501 kJ/kg}
  = 20.12 + 25.379 = 45.499 kJ/kg

*영어로 비엔탈피는 specific enthalpy임.

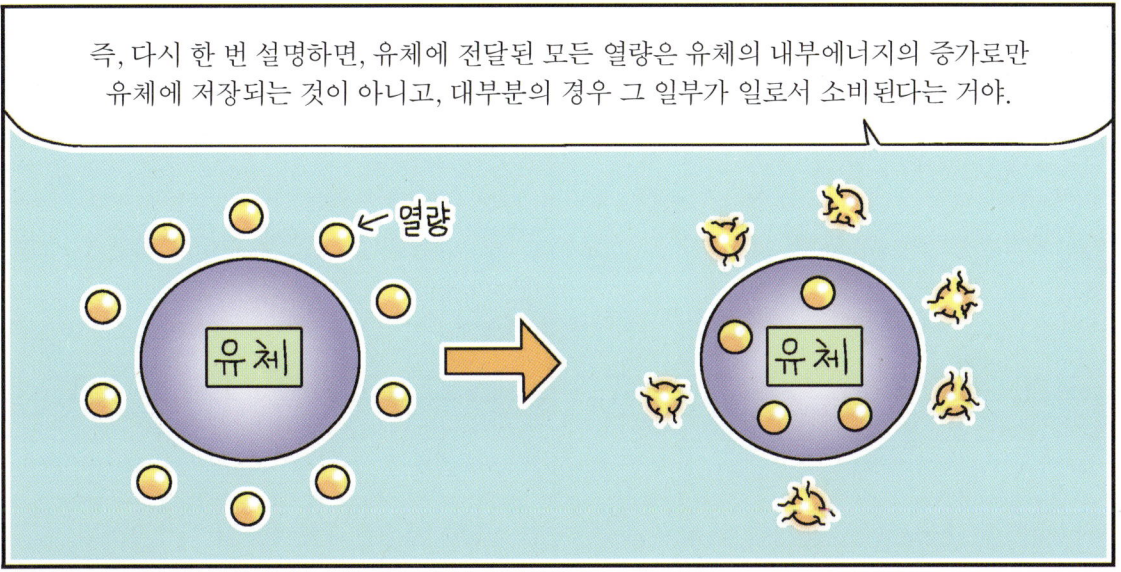

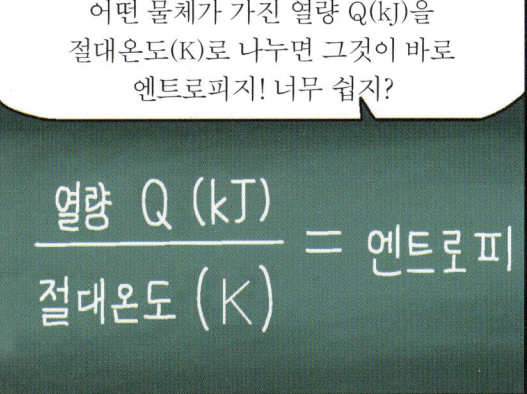

예를 들어 어떤 물질 1 kg에 온도 T(K)에서 Q(kJ)의 열을 주었을 때, 엔트로피(s)의 변화는 열량 Q에 비례하고, 온도 T에 반비례하므로 다음과 같이 나타낼 수 있지.

$$s(kJ/kg \cdot K) = \frac{Q(kJ/kg)}{T(K)} = \frac{Q(kJ/kg)}{t+273.15(K)}$$

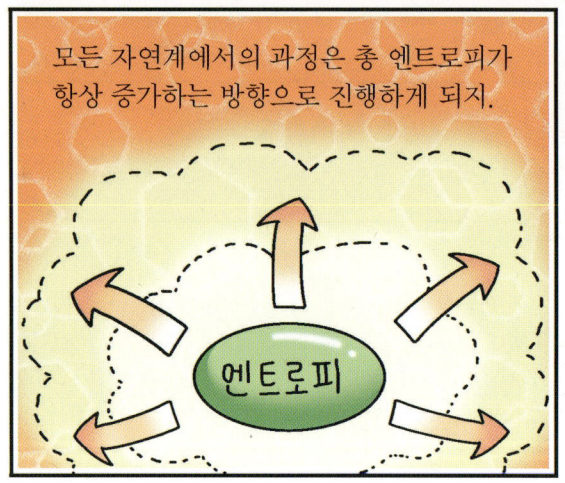

모든 자연계에서의 과정은 총 엔트로피가 항상 증가하는 방향으로 진행하게 되지.

이것은 고온의 물체는 스스로 냉각되어 온도가 낮아지기 때문에 엔트로피의 정의에서 살펴보면 분모가 작아지므로 엔트로피는 항상 증가되고 있지.

엔트로피가 무한히 증가되면 쓸모없는 에너지로 변화된 것을 의미하지. 따라서 돈이나 보석은 많을수록 좋지만 엔트로피는 커지면 무용지물이 되는 거야.

연아와 빙수도 항상 엔트로피가 감소되도록 냉동공조에 대한 공부를 게을리하면 안 되겠지.

냉동편

맞아! 엔트로피(s)와 절대온도(T)를 곱하면 열량(Q)이 되므로, 그림에서 가로와 세로를 곱하면 사각형의 면적을 구하는 것처럼 면적의 크기로 열량을 나타낼 수 있지. 엔탈피는 직선의 길이, 즉 1차원으로, 엔트로피는 사각형 면적의 크기, 즉 2차원으로 열량을 표시하게 되는 셈이지.

면적 = 전열량

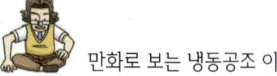

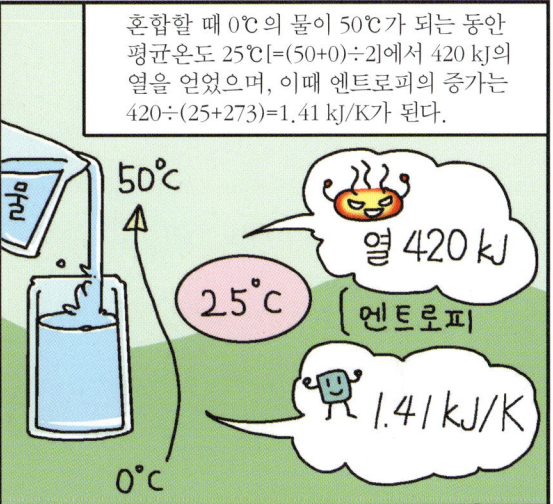

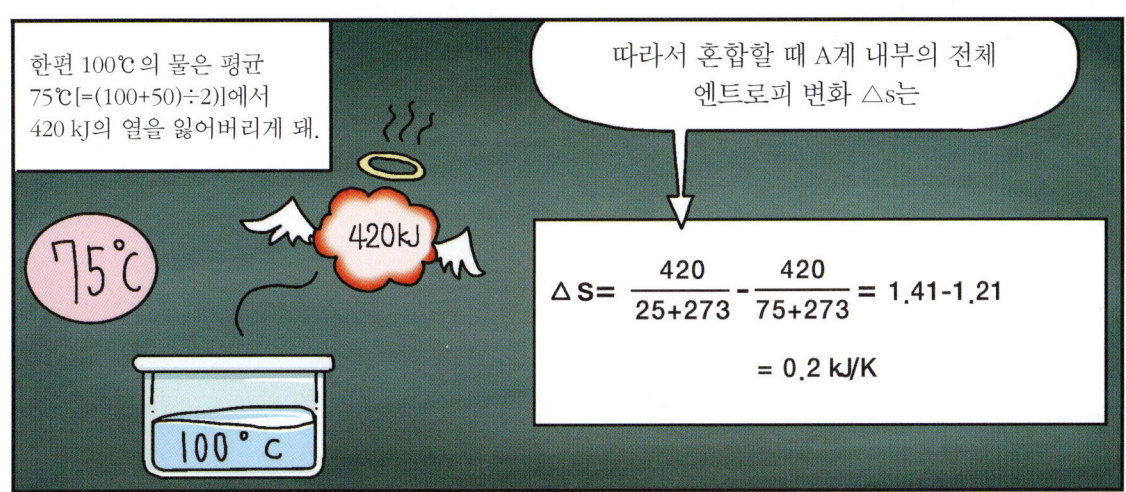

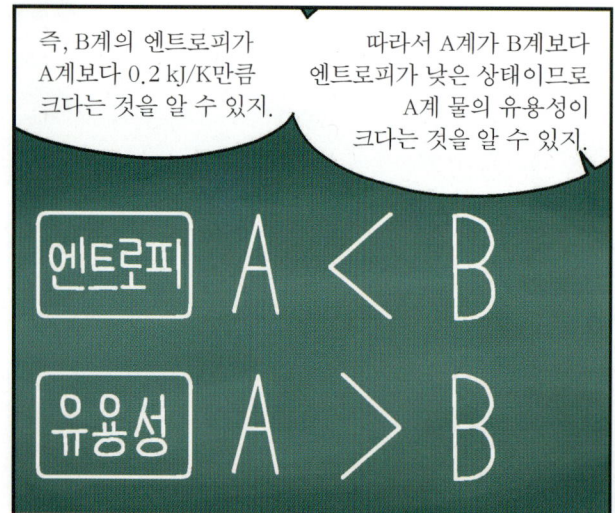

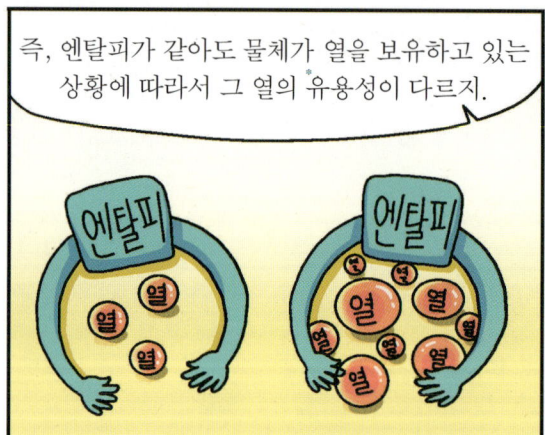

*영어로 유용성은 availability로 표현됨.

냉동편

8. 냉매

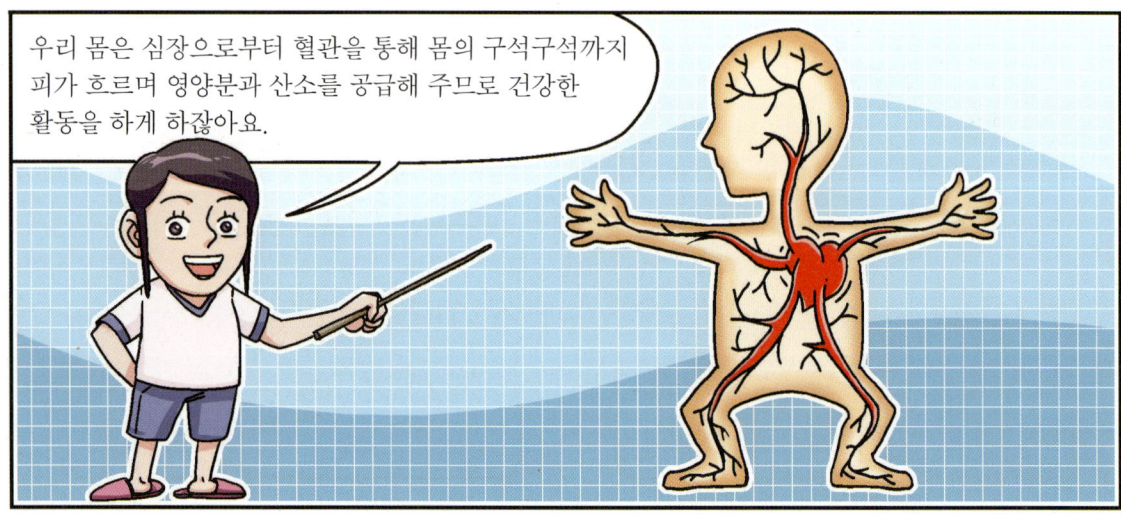

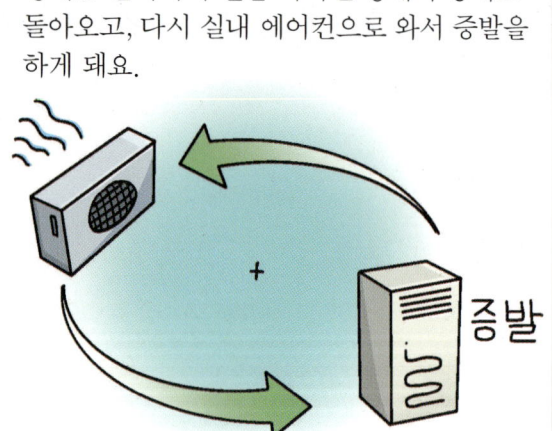

냉동편

9. 냉매의 순환

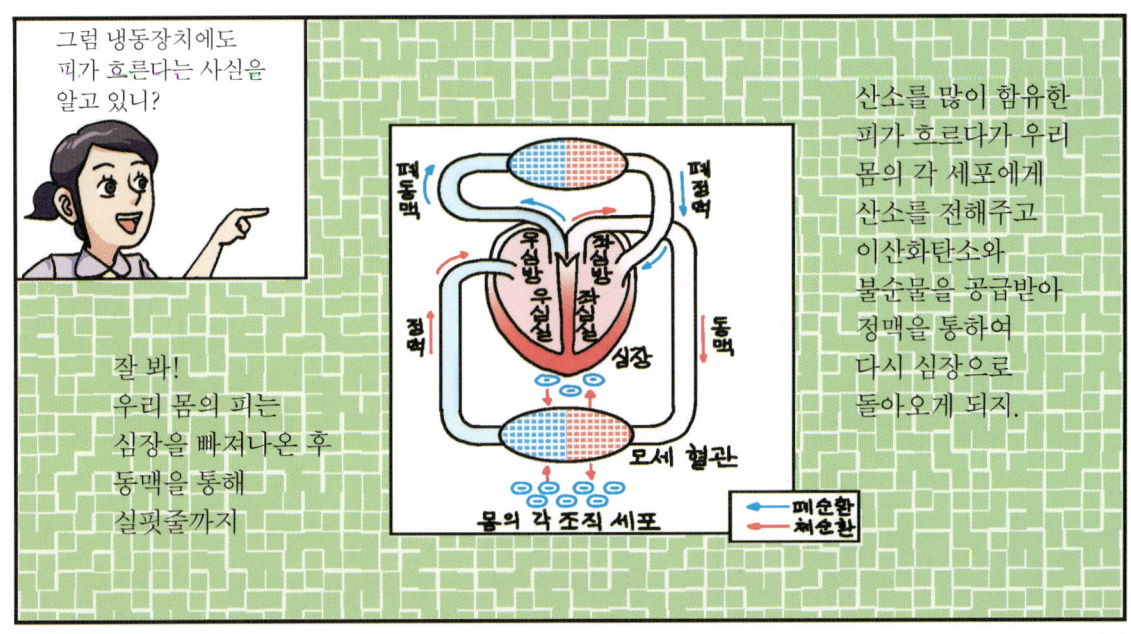

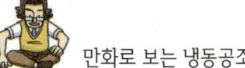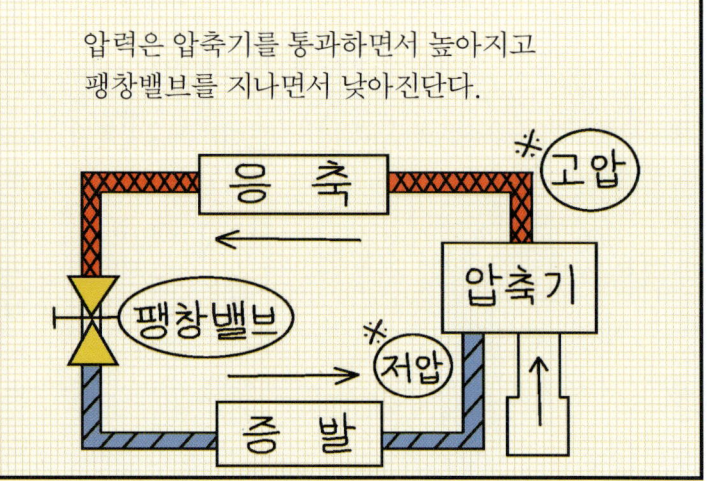

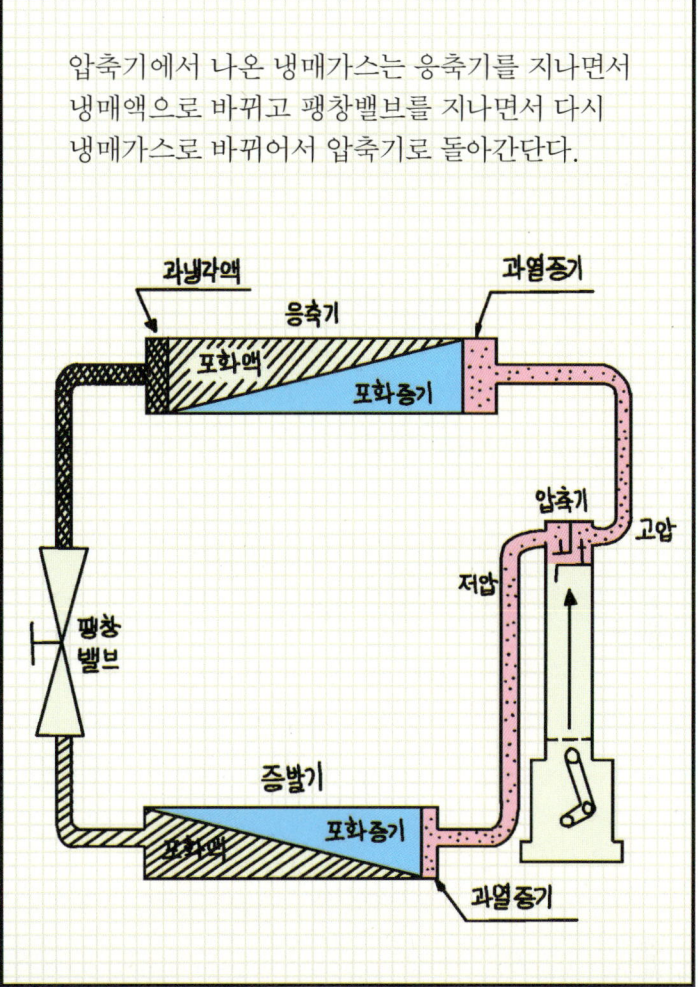

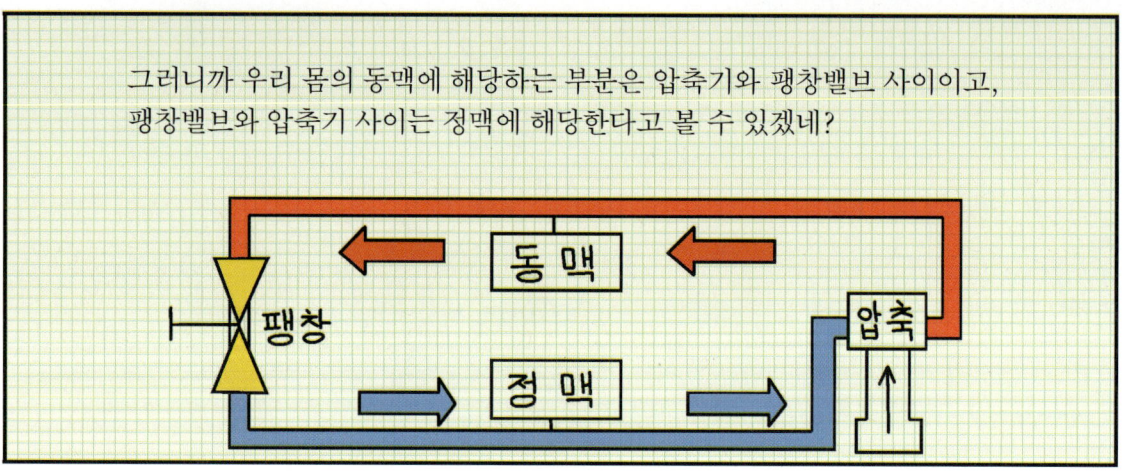

냉동편

10. 냉매와 지구환경

71

오존은 두 종류가 있는데, 지표면 가까이에 있는 오존은 스모그 발생의 주범이란다.
반면에 성층권에 있는 오존은 태양으로부터 오는 강력한 자외선을 차단하는 역할을 하지.

성층권은 지구표면에서 고도 약 10 km부터 50 km 사이의 대기층을 말하고, 성층권 내에서도 25~30 km 부근에 오존이 밀집되어 있는데, 이 층을 오존층이라고 하는 거야.

*영어로 스모그는 smog, 오존층은 ozone layer라고 함.

만화로 보는 냉동공조 이야기

나는 로랜드 박사야! 내가 1974년 미국 캘리포니아 대학에 재직할 때 프레온계 냉매 중 CFC계 화합물이 성층권의 오존층을 파괴한다는 이론을 처음 발표했지.

셔우드 로랜드(Frank Sherwood Rowland)
출생 : 1927년 6월 28일(미국)
학력 : 시카고대학교 대학원 박사
수상 : 1955년 노벨 화학상
       (오존층 파괴의 화학적 매커니즘 연구)

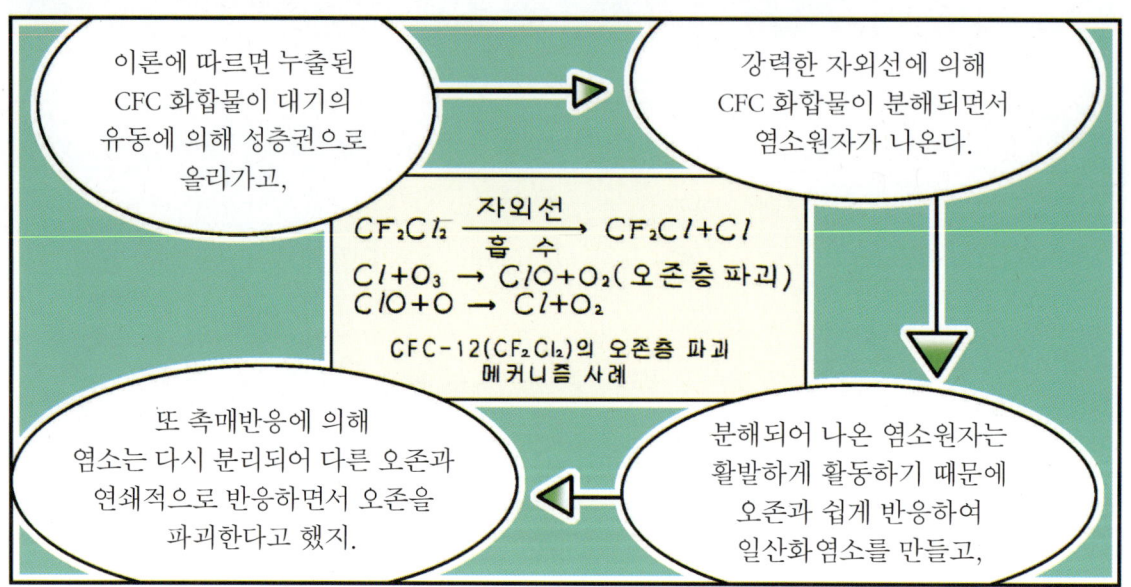

이론에 따르면 누출된 CFC 화합물이 대기의 유동에 의해 성층권으로 올라가고,

강력한 자외선에 의해 CFC 화합물이 분해되면서 염소원자가 나온다.

$$CF_2Cl_2 \xrightarrow[\text{흡 수}]{\text{자외선}} CF_2Cl + Cl$$
$$Cl + O_3 \rightarrow ClO + O_2 \text{ (오존층 파괴)}$$
$$ClO + O \rightarrow Cl + O_2$$

CFC-12(CF_2Cl_2)의 오존층 파괴 메커니즘 사례

또 촉매반응에 의해 염소는 다시 분리되어 다른 오존과 연쇄적으로 반응하면서 오존을 파괴한다고 했지.

분해되어 나온 염소원자는 활발하게 활동하기 때문에 오존과 쉽게 반응하여 일산화염소를 만들고,

우리 지구의 오존층이 실제로 파괴되었나요?

1985년에 NASA는 항공 관측을 통해 남반구 성층권에 북미대륙만 한 면적의 오존층이 파괴된 것을 발견했단다.

오존층이 파괴되면 어떤 문제가 생기나요?

*NASA는 미국항공우주국(National Aeronautics and Space Administration)의 약자임.

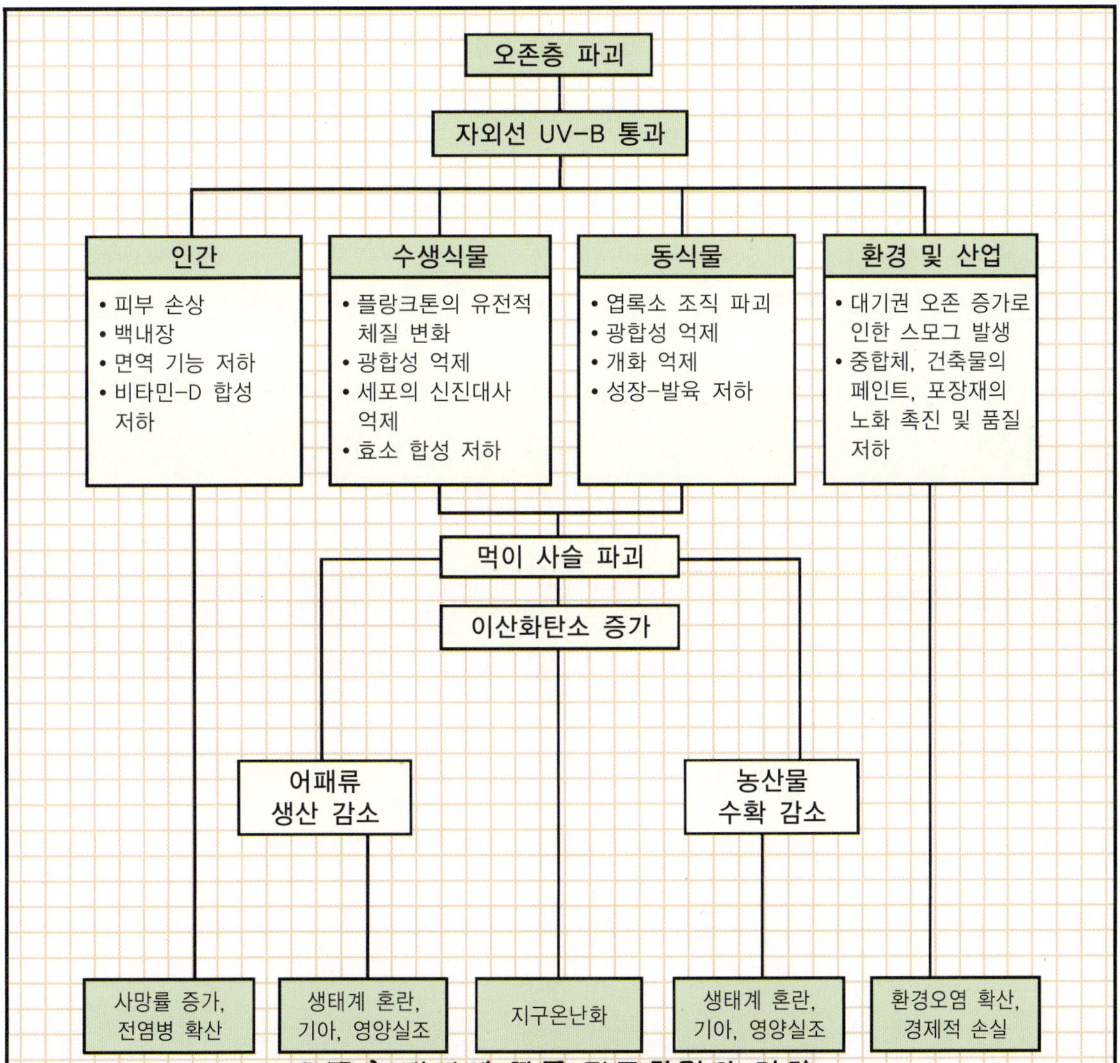

냉동편

오존층이 파괴되어 다량의 유해한 자외선이 지표면에 도달하게 되면,

인류를 포함한 동식물의 생태계에 일대 혼란이 오고,

면역체계 붕괴로 피부암과 같은 질병이 확산되거나,

곡물 수확 급감 등으로 지구환경에 심각한 문제가 발생할 수 있단다.

```
                        오존층 파괴
                            │
                      자외선 UV-B 통과
      ┌──────────────┬─────┴──────┬──────────────┐
     인간          수생식물      동식물        환경 및 산업
 • 피부 손상    • 플랑크톤의     • 엽록소 조직 파괴   • 대기권 오존 증가로
 • 백내장         유전적 체질 변화 • 광합성 억제      인한 스모그 발생
 • 면역 기능 저하 • 광합성 억제    • 개화 억제       • 중합체, 건축물의
 • 비타민-D 합성  • 세포의 신진대사 • 성장-발육 저하    페인트, 포장재의
   저하            억제                           노화 촉진 및 품질
                 • 효소 합성 저하                   저하
```

- 먹이 사슬 파괴
- 이산화탄소 증가
- 어패류 생산 감소
- 농산물 수확 감소
- 사망률 증가, 전염병 확산
- 생태계 혼란, 기아, 영양실조
- 지구온난화
- 생태계 혼란, 기아, 영양실조
- 환경오염 확산, 경제적 손실

오존층 파괴에 따른 지구환경의 영향

*GWP는 Global Warming Potential의 약자임.

사용 분야	CFC 종류	CFC 대체물질		비프레온계 대체물질
		신규	기준	
카 에어컨	R-12	R-134a R-22/ R-152a/ R-124		
전기 냉장고	R-12 R-502	R-134a R-22/ R-152a/ R-124	R-22 R-152a/ R-22/ R-142b	NH_3
터보 냉동기	R-11	R-123 R-245ca		흡수식 냉동기 (LiBr)
업무용 냉동기	R-12 R-502	R-134a	R-22	NH_3
패키지 에어컨	R-22	R-407C(HFC-32/125/134a =23/25/52)		
룸 에어컨	R-22	R-410A (HFC-32/125 =50/50)		

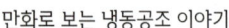

만화로 보는 냉동공조 이야기

냉동편

만화로 보는 냉동공조 이야기

12. 냉동사이클의 이해

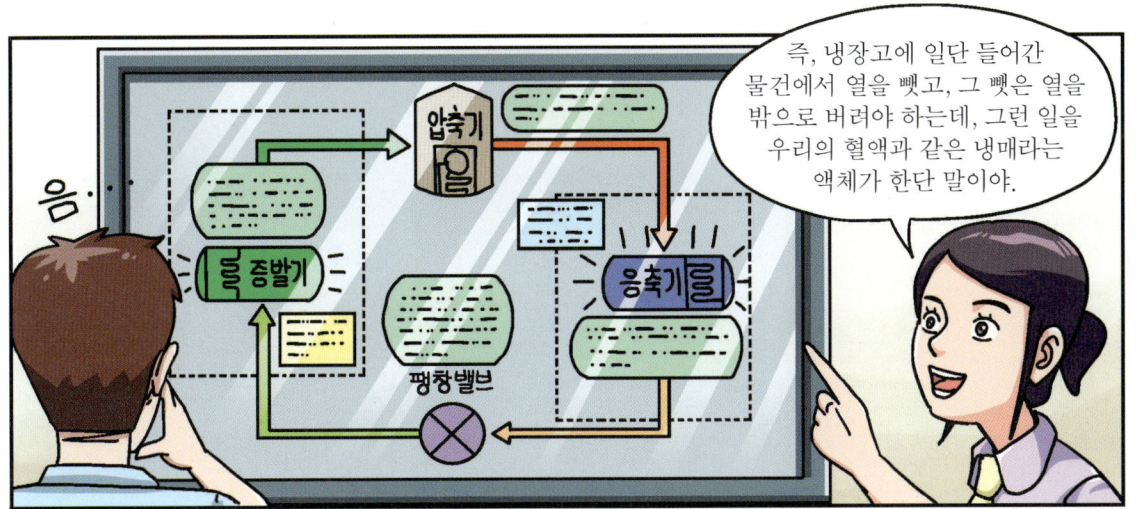

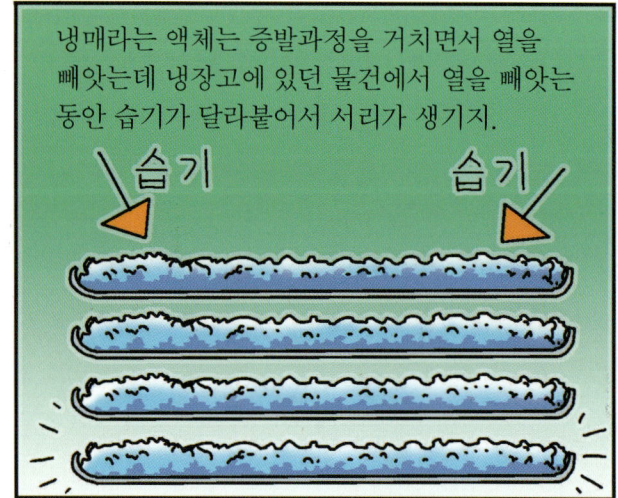

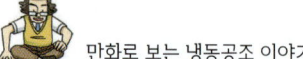

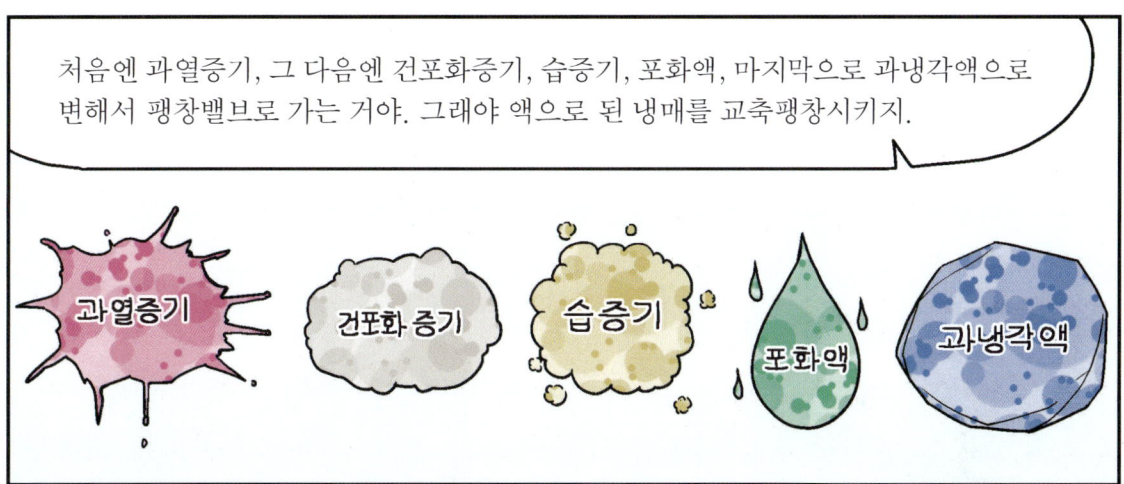

*영어로 핫가스는 hot gas임.

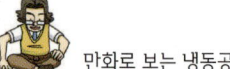

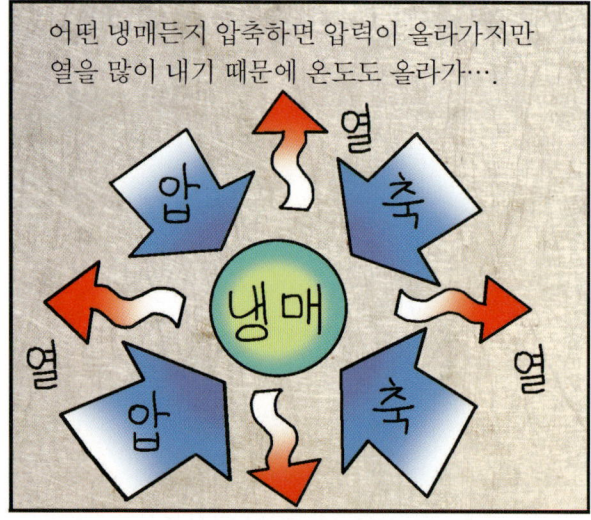

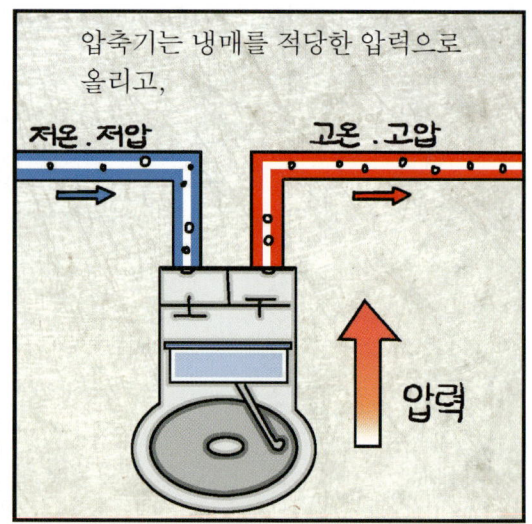

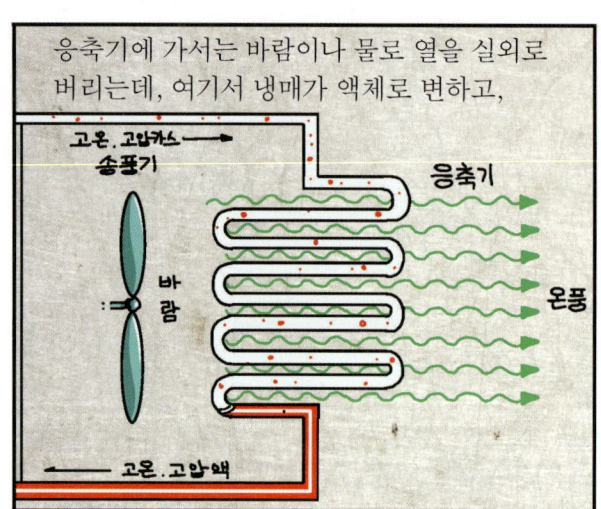

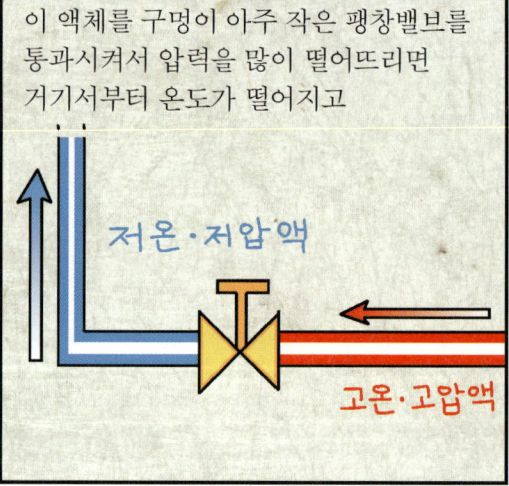

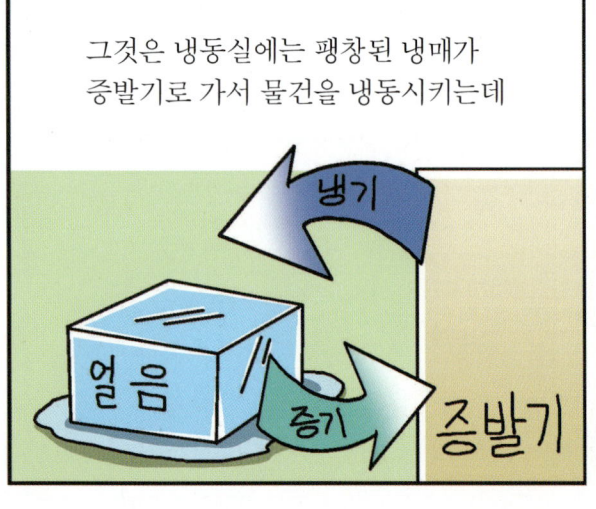

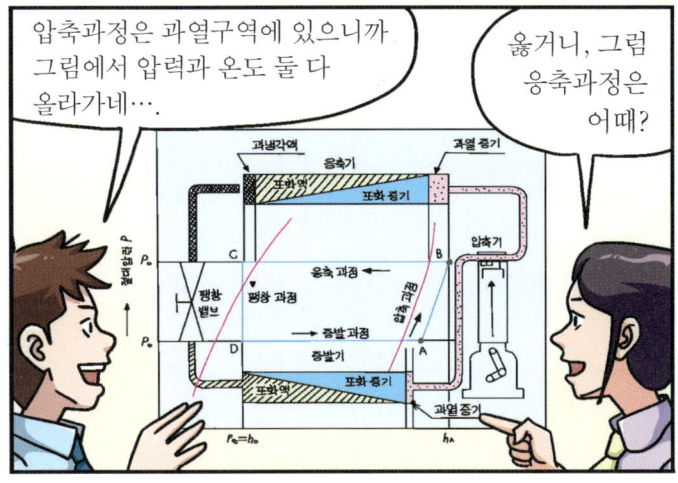
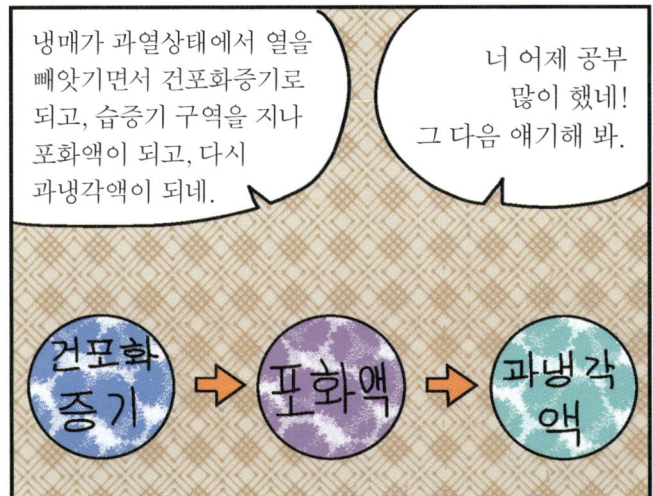

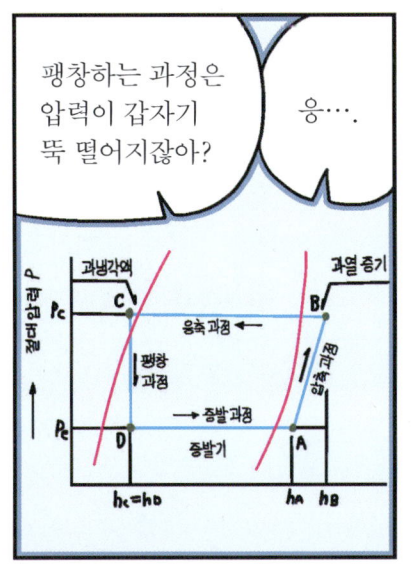
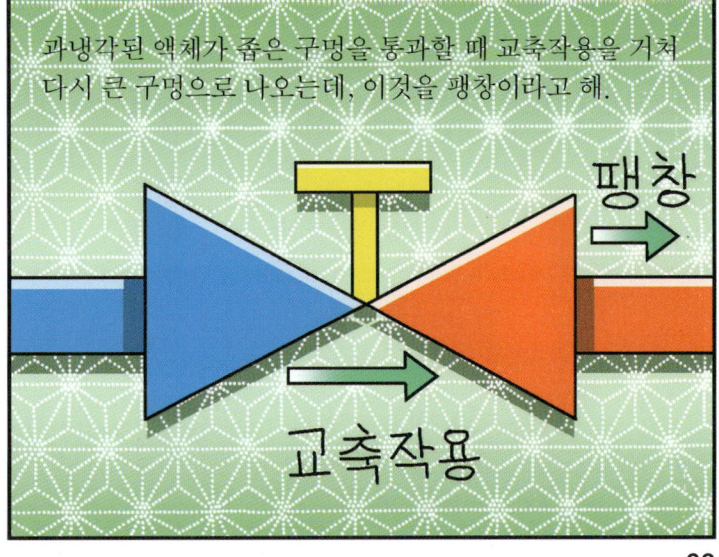

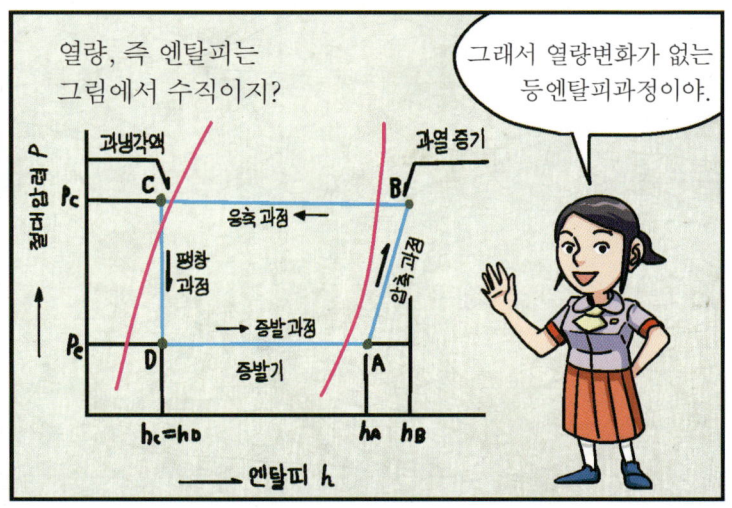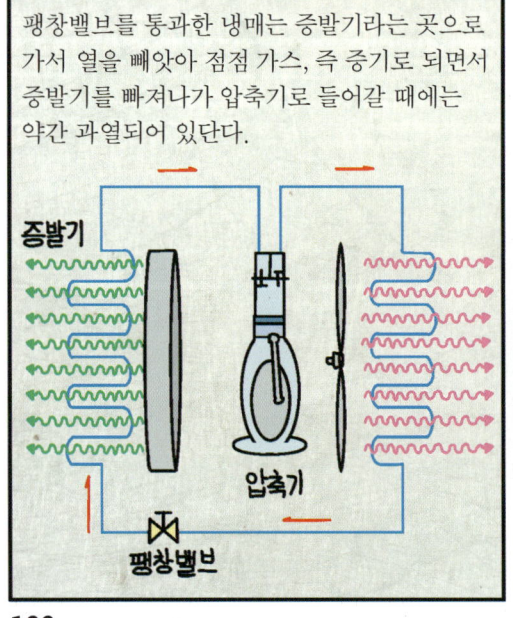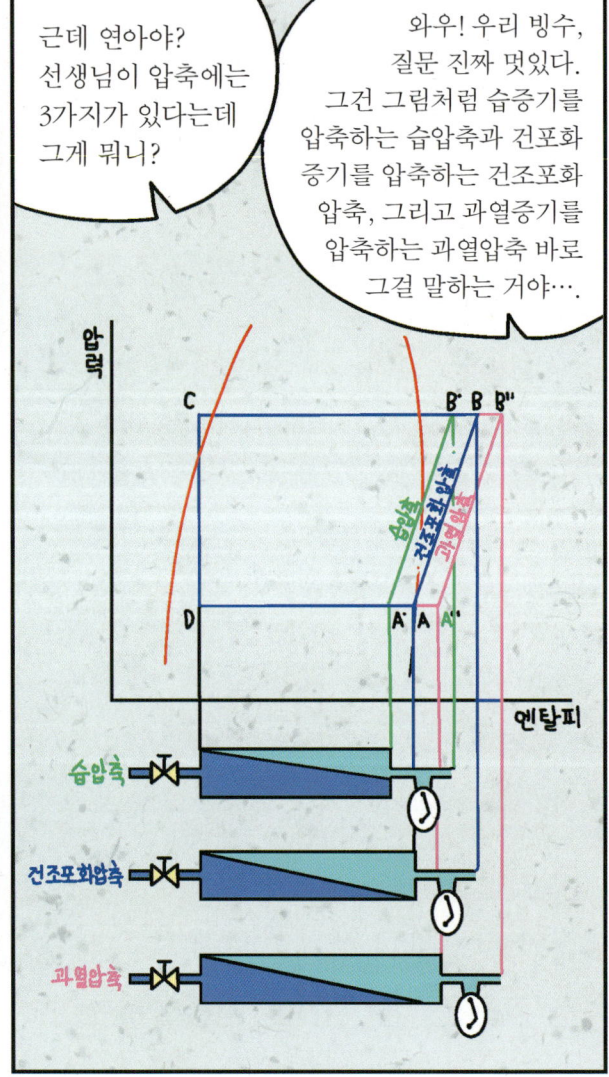

냉동편

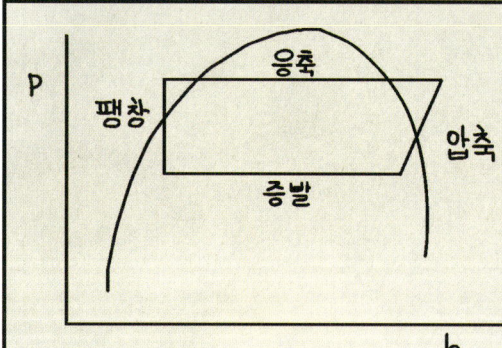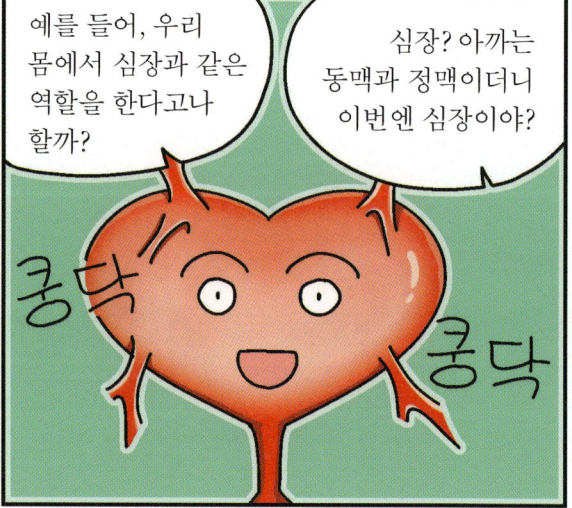

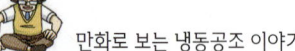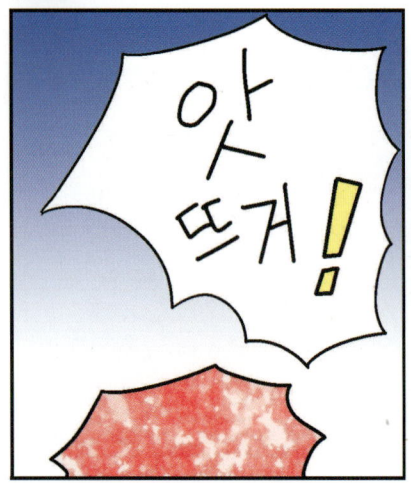

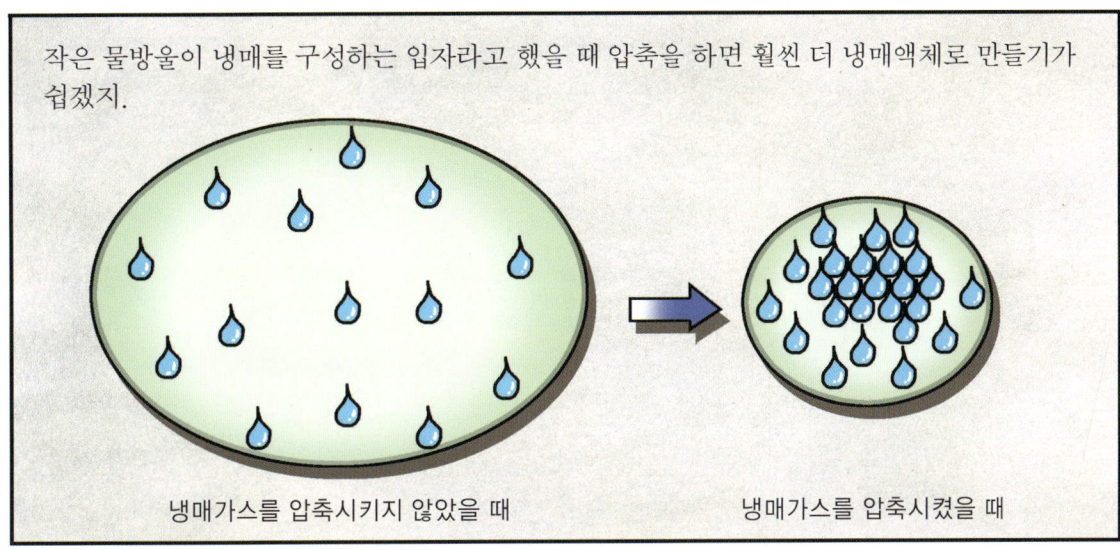

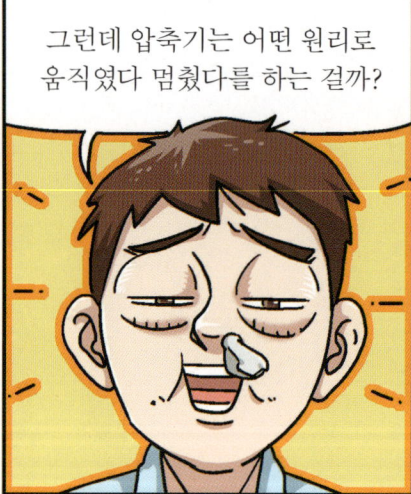

냉동편

자동제어회로에는 DTC라는 온도조절기가 있는데…
냉장고 속의 온도가 설정된 온도까지 내려가면
접점이 떨어지고, 이어서 Ry-a 접점을 떨어지게 하여
압축기를 정지시킨단다.

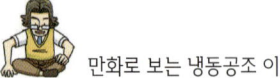

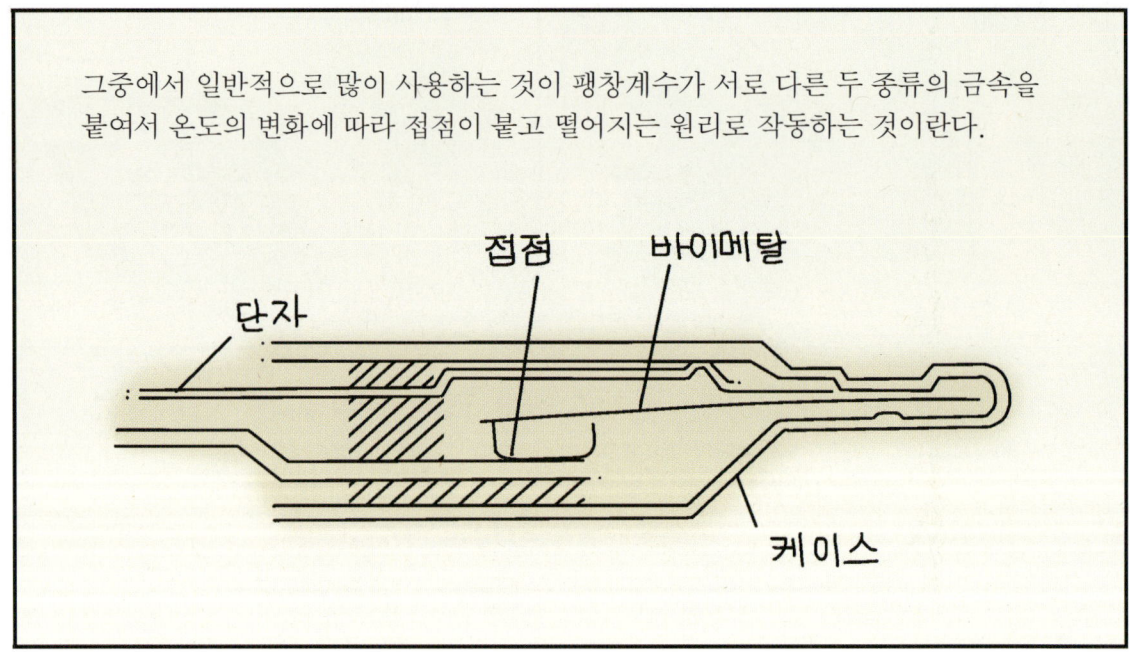

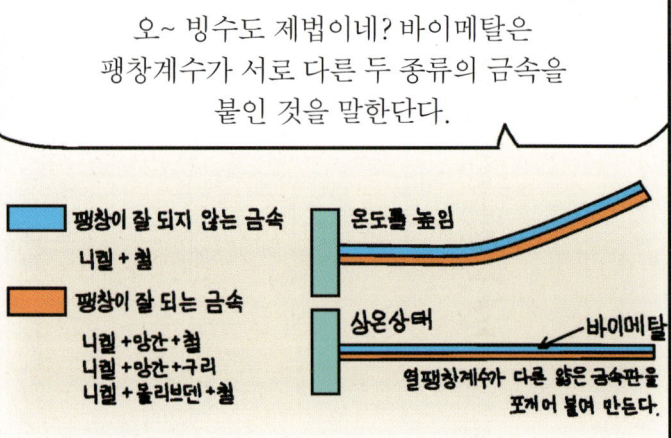

냉동편

14. 냉동장치와 우리 몸

냉동편

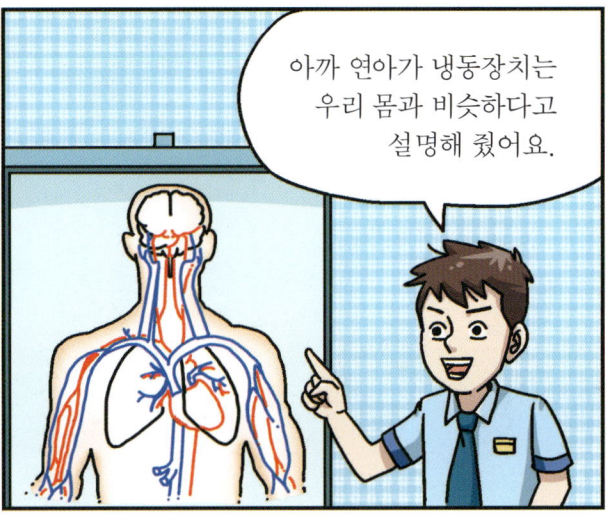
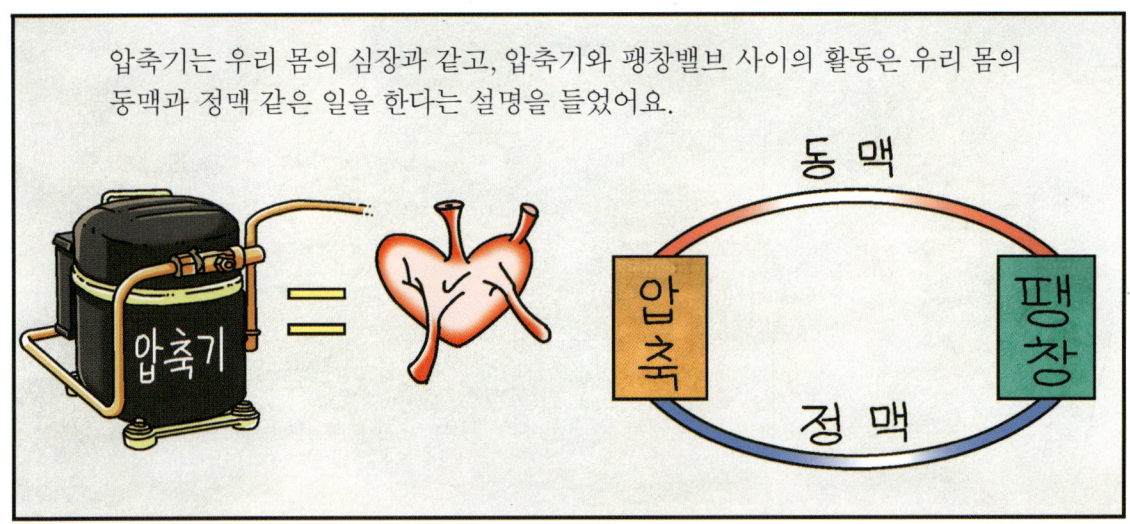

113

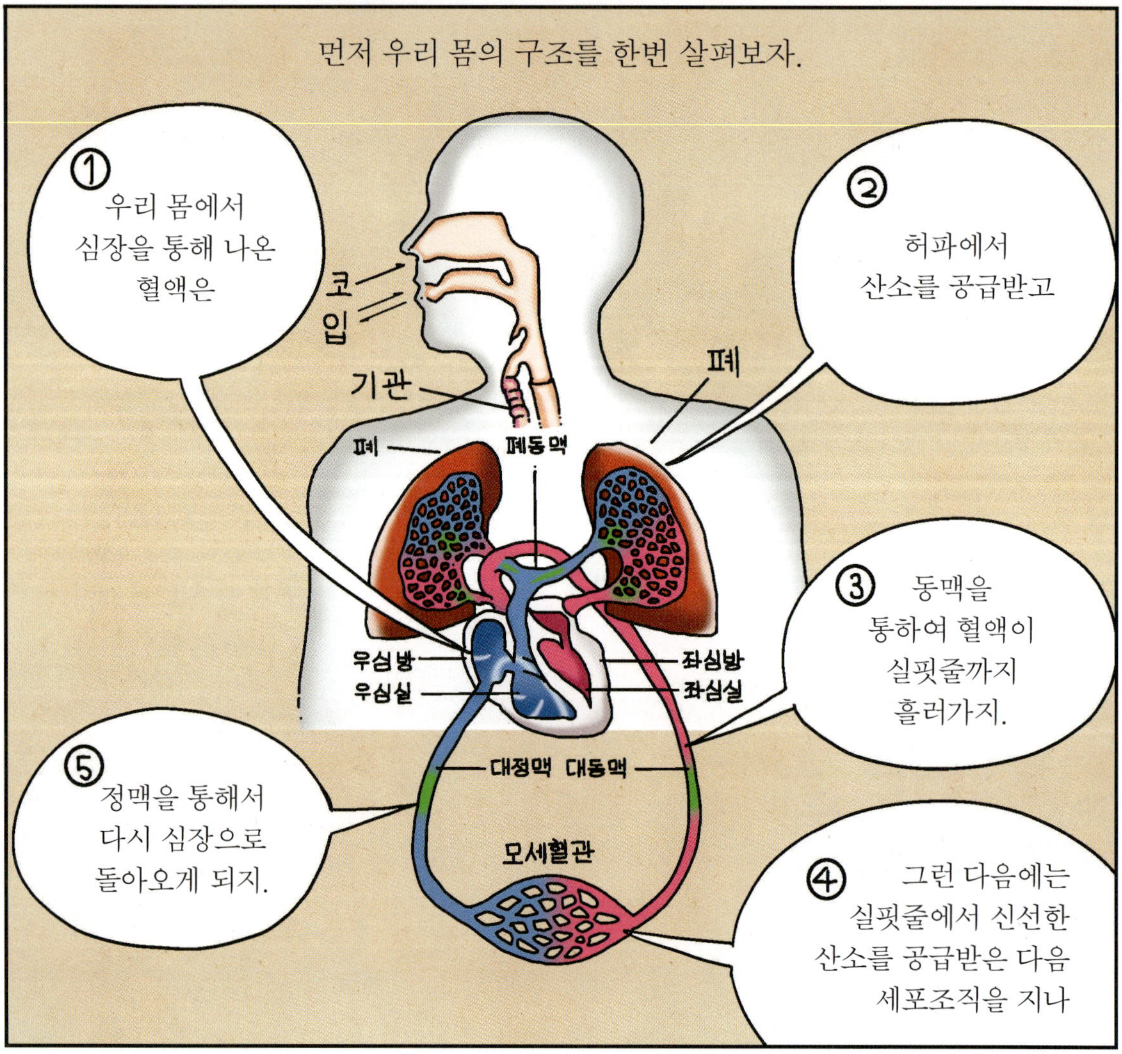

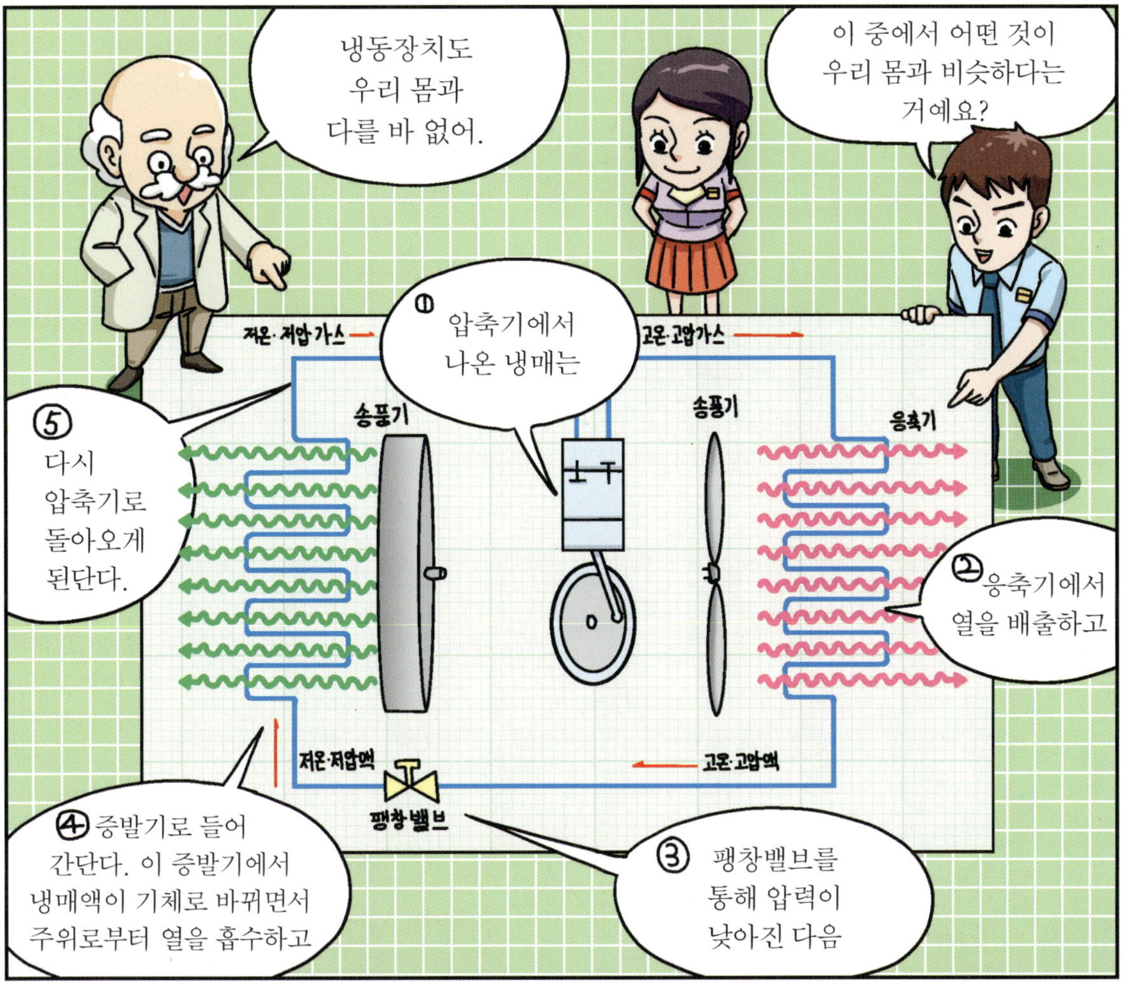

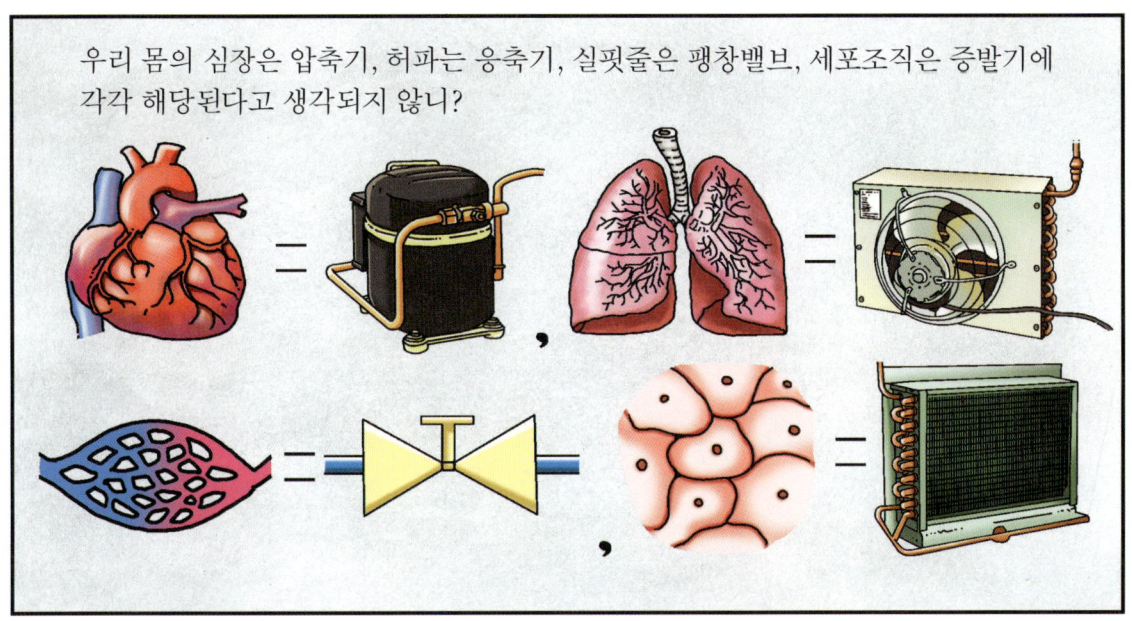

우리 몸의 심장은 압축기, 허파는 응축기, 실핏줄은 팽창밸브, 세포조직은 증발기에 각각 해당된다고 생각되지 않니?

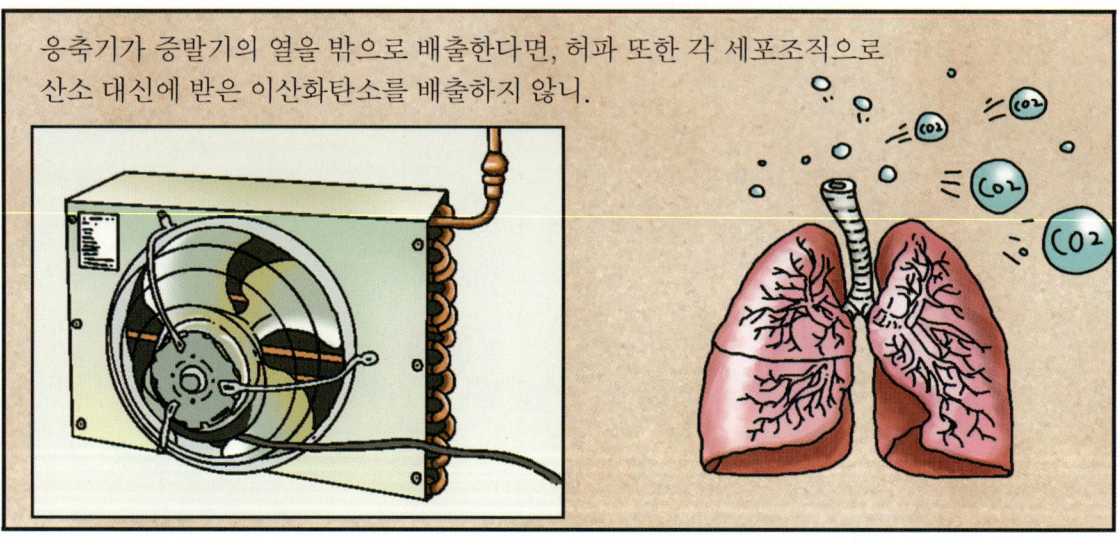
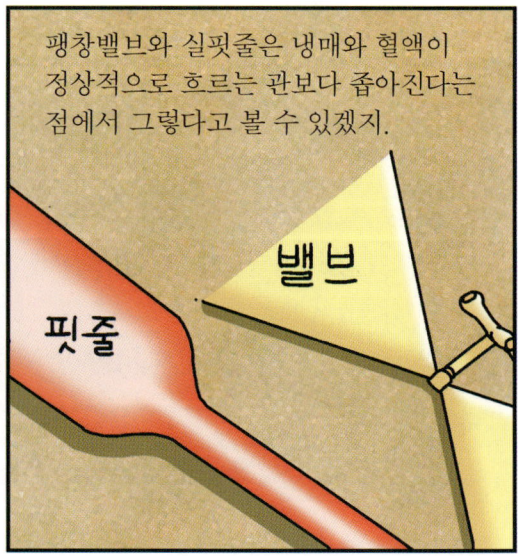

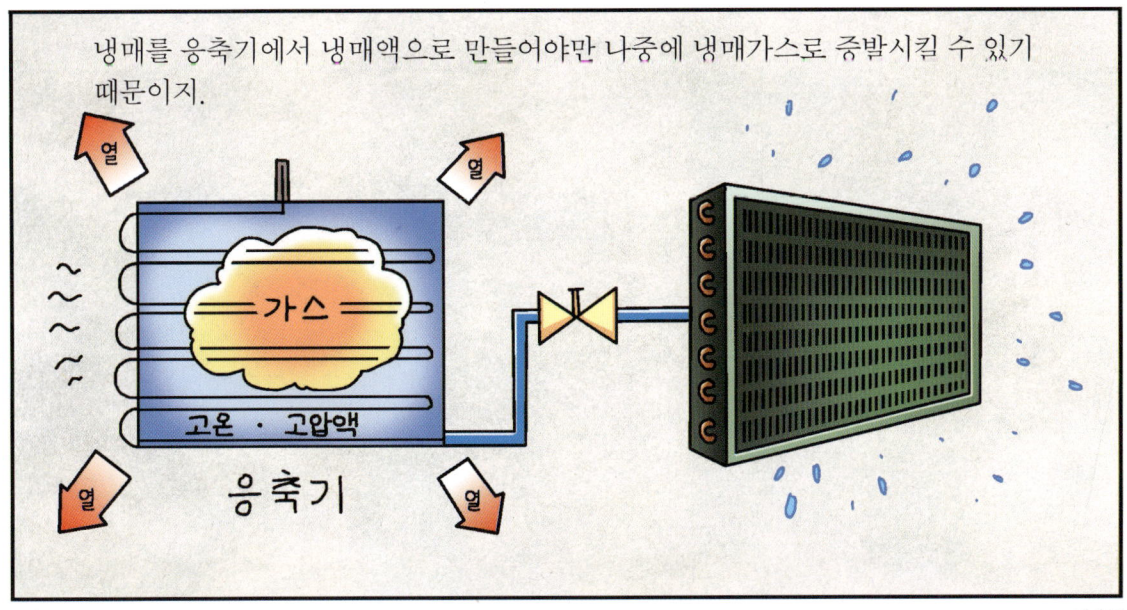

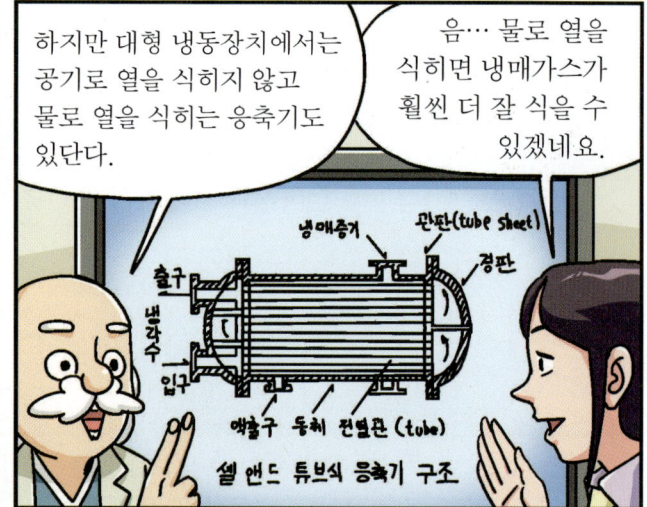

냉동편

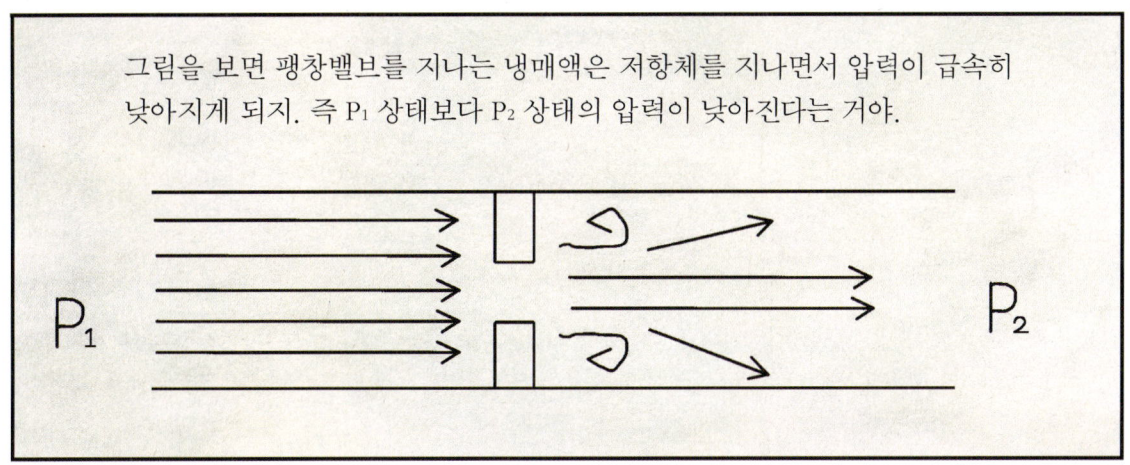

그림을 보면 팽창밸브를 지나는 냉매액은 저항체를 지나면서 압력이 급속히 낮아지게 되지. 즉 P_1 상태보다 P_2 상태의 압력이 낮아진다는 거야.

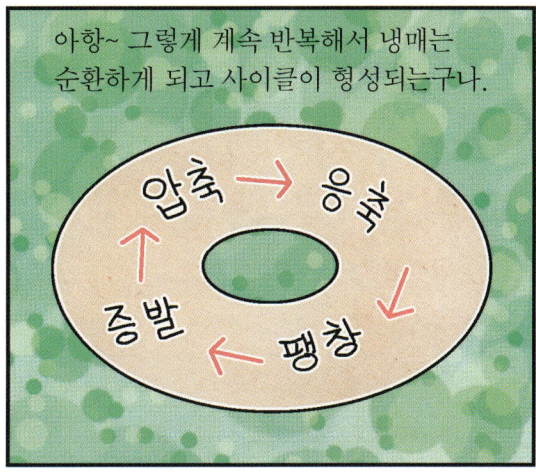

냉 박사예요!
빙수와 연아가 궁금해하는 냉동장치에 대해 좀 더 알아보자!

❖ 냉동장치

더운 여름철 우리를 시원하게 해 주는 에어컨도 냉동장치를 응용한 것이란다.

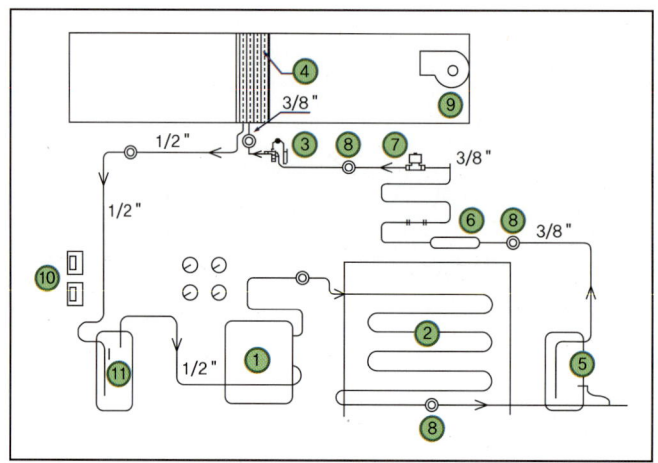

[그림 1_ 에어컨의 구조]

그림은 에어컨의 구조를 쉽게 볼 수 있도록 나타낸 그림이지.

우선 여기서 압축기와 응축기, 팽창밸브, 수액기, 그리고 증발기를 찾아보도록 하자.

①번 압축기의 냉매가스는 ②번 응축기로 들어가서 냉매가 액체로 바뀌게 되지.

⑤번 수액기에서 냉매가 일시 저장되었다가 ③번 팽창밸브를 통과한 냉매액은 기체로 바뀌게 된단다. 기체로 바뀐 냉매가스는 주위의 열을 흡수한 후 ①번 압축기로 다시 순환하게 되지. 그 밖에도 여러 가지 부속기기들이 설치되는데 모두 다 냉동장치의 효율을 높이기 위해서 설치된 것이란다.

우선 그림에서 ⑧번의 투시경은 냉매의 상태와 수분이 함유되었는가를 육안으로 알아볼 수 있도록 만든 것이지.

⑥번의 건조기는 냉동장치 내의 수분을 제거하여 냉동장치 내에서 좋지 못한 영향이 일어나지 않도록 하는 기기이지.

⑦번의 전자밸브는 전기적인 조작에 의해서 냉매가 흐르도록 또는 흐르지 않도록 해 주는 기기란다.

⑨번의 송풍기는 바람을 만들어서 실내의 공기가 순환되도록 해 주는 장치란다.

⑩번의 압력차단스위치는 고압측 또는 저압측 압력이 설정압력 이상 또는 이하로 되지 않도록 해 주는 장치란다.

⑪번은 액분리기로, 압축기로 들어오는 가스 중에 냉매액을 분리시켜 압축기로 냉매액이 들어가지 않도록 해 주는 기기란다.

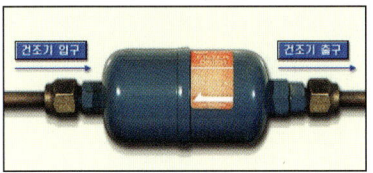

[건조기]

[투시경]

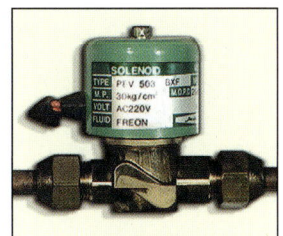

[전자밸브]

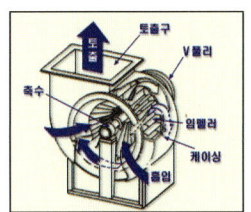

[송풍기]

[압력차단스위치]

[액분리기]

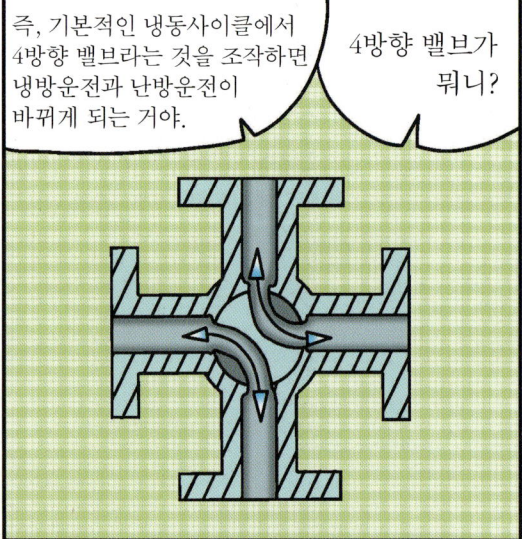

*영어로 히트펌프는 heat pump라고 하며, 열펌프라고도 함.

냉동편

마치 교차로에서 차를 우회전이나 좌회전하게 하는 역할을 하는 것과 같은 밸브인데

필요에 따라 밸브를 통해 냉매의 흐름을 바꿔 냉방과 난방을 하는 거야.

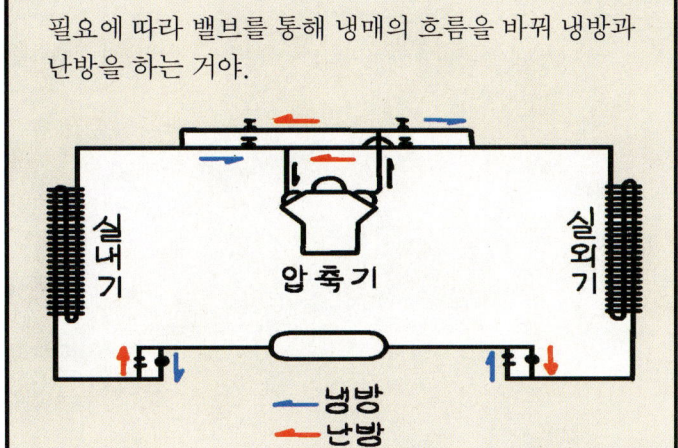

그럼 난방할 때 더운 공기로 난방하고, 물을 따뜻하게 해서 급탕(온수 공급)도 하고, 여름에는 시원한 바람을 보내서 냉방도 하네?

맞아! 빙수가 실력이 점점 늘어가네!

배기되는 따뜻한 실내공기의 열과 장치 내에서 발생하는 모든 배열을 회수·재생 사용하여 증발기 코일을 연속해서 통과시킴으로써 증발 온도 및 압력을 높이게 되어 히트펌프의 난방 능력 효율을 높임.

위 그림은 4방향 밸브를 난방운전으로 하여 난방할 때의 그림인데, 잘 보면 응축기로 간 냉매가 팽창밸브를 거치지 않고 수액기로 간 다음 팽창밸브를 거쳐 증발기로 가는 사이클이고, 아래 그림은 반대로 냉방사이클인데, 위와는 반대로 냉매가 흘러 위 그림의 응축기가 증발기로 되어 실내로 찬 바람이 나오게 하는 일반적인 냉동사이클이야.

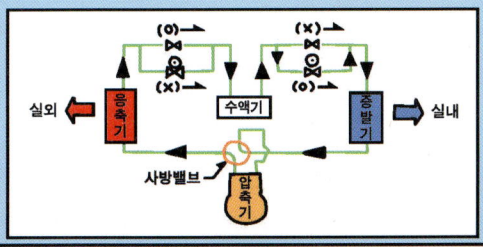

배기되는 차가운 실내공기의 열을 회수하여 응축기 코일을 통과시키고 또한 증발기 코일에서 발생되는 응축수 및 급수를 응축기 코일에 강제 분무함으로써 응축온도 및 압력을 낮추게 되어 냉동기 효율을 높임.

그래! 열펌프에 열을 공급하는 것을 열원이라 하는데,
그 열원이 공기면 공기열원방식, 물이면 수열원방식이라고 해.

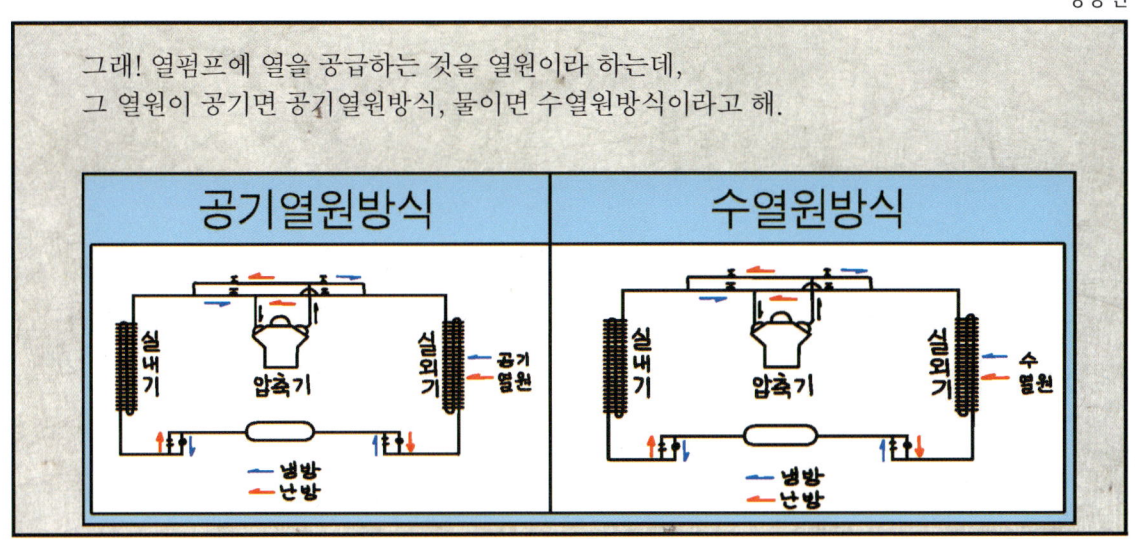

그럼, 공기열원방식에서 방열하는 대상이 공기면 공기 대 공기, 방열하는 대상이 물인 경우는 공기 대 물 방식인 거니?

그리고 수열원방식에서 방열하는 대상이 공기인 경우는 물 대 공기, 방열하는 대상이 물인 경우에는 물 대 물 방식이라고 한다는 거지….

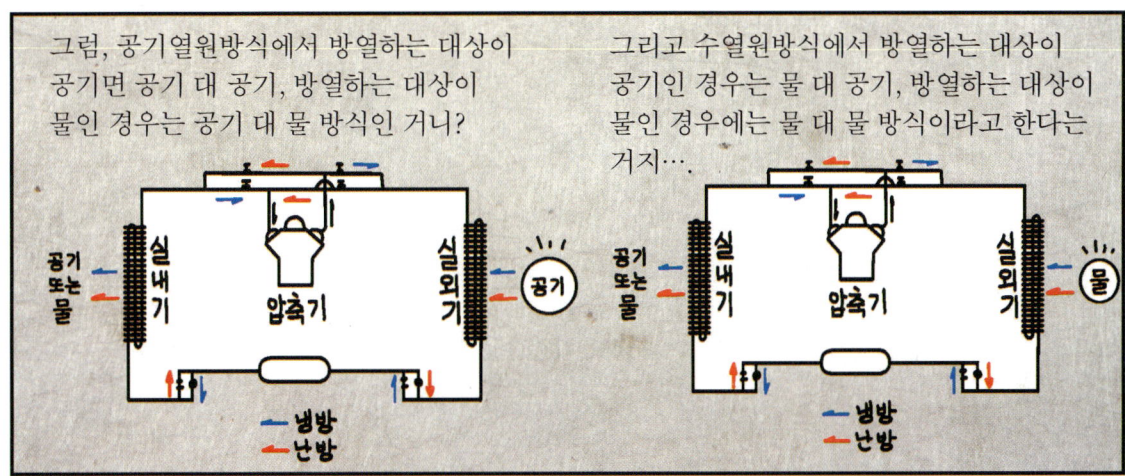

만화로 보는 냉동공조 이야기

16. 냉동의 응용

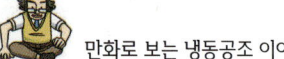

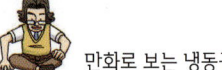

만화로 보는 냉동공조 이야기

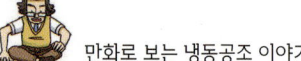

이런 에어컨도 정확하게는 에어컨디셔너라고 해야 하는데, 일반 가정은 물론이고, 사무실, 식당, 자동차, 기차, 비행기, 선박, 우주선 등에도 쓰이고…

섬유나 목재, 종이 등이 수분을 함유하지 않도록 한다거나

양조나 제약, 합성섬유, 사진재료 등에서는 생화학반응이나 화학반응의 속도를 조절하기 위해 사용되기도 하지.

그뿐만 아니라 정밀공업에서는 오차를 줄이거나 녹이 생기지 않도록 한다거나

각종 가스의 액화나 분리, 원자력 공업에서의 중수제조 등 그 활용범위는 너무나 많단다.

*영어로 에어컨디셔너는 air-conditioner로 공기조화기를 뜻함.

냉 박사예요!
빙수와 연아가 냉동의 응용분야에 대해 알고 싶다구!
아저씨가 냉동의 응용분야에 대해 잘 설명해 주셨는데, 내가 괜히 나서는 것은 아닌지 모르겠네? 그래도 한번 정리해 볼까?

✤ 냉동의 응용분야

 냉동은 식품을 보다 오래 저장하는 것으로부터 시작되었는데, 냉동의 대상 식품으로는 국가의 사정에 따라 어육, 축육, 청과물 등 여러 가지가 있단다. 그리고 종래의 식품냉동이라는 한정된 개념에서 탈피한 냉동공업의 응용영역은 식품냉동 외에도 공기조화를 포함한 산업냉동에서부터 첨단기술에 이르기까지 매우 폭넓게 응용되고 있단다.

 식품냉동은 수산물, 축산물과 그 가공품 등에 이르기까지 거의 전 식품에 걸쳐 이용되고 있단다. 그리고 식품의 저온저장이나 가공에도 식품의 종류나 보존기간에 따라 $-40℃$ 이하에서 동결하거나 저장해야 하는 것은 물론이고, 청과물이나 단기간에 소비하는 어류, 축육, 우유, 버터 등은 $-2~-10℃$ 정도의 온도에서 냉각보존하는 것이 보통이란다. 이러한 식품을 위한 냉장고도 소형의 가정용 냉장고에서부터 업무용 냉장고, 쇼케이스 등 주로 소비지에서 사용하는 냉장고가 있고, 생산지에서는 주로 대형의 냉장창고를 건설하거나 단열판넬을 현장에서 조립하는 조립형 냉장창고도 있지. 이 외에도 체계화된 식품의 유통기구인 저온유통(cold chain), 주로 청과물의 호흡작용을 억제함과 동시에 선도를 유지하도록 하는 CA냉장(controlled atmosphere cold storage)도 있단다. 뿐만 아니라 식품에 사용되는 얼음을 만들기 위한 소형 제빙기와 소형 어선 등을 위한 제빙공장도 아직 가동되고 있지.

 공기조화의 활용에 대해서는 아저씨도 이야기하였지만, 사람을 대상으로 하여 실내의 온도와 습도 등을 조절하는 쾌감용 공기조화가 있지. 그리고 각종 제품의 제조나 저장 과정에 있어서 그 품질의 유지나 제조 능률이 주위의 공기조건에 의해 좌우되는 경우가 많기 때문에 냉동기를 이용하여 조절하는 산업용 공기조화로 나눌 수 있는데, 모두 냉동을 응용하고 있단다. 우선 쾌감용 공기조화는 주택, 상점, 사무소, 호텔, 아파트, 식당, 극장, 자동차, 기차, 비행기, 선박 등에서 쓰는 여름철 냉방과 겨울철 난방이 여기에 속한단다. 우리나라에서는 생활수준이 향상되면서 일반 주택 등에서 사용하는 룸에어컨(room air-conditioner)에서부터 덕트를 이용하는 중앙식 공기조화기에 이르기까지 여러 가지 공기조화기가 널리 보급되고 있으며, 이러한 공기조화는 최근 자동제어 등의 발달과 함께 급속하게 발달하고 있단다. 그리고 더 나아가서는 열효율을 향상시키기 위하여 터보 냉동기와 흡수식 냉동기를 조합하거나 값이 싼 야간전력이나 태양열 등을 이용하여 열을 저장하였다가 주간에 사용하는 축열방식 등도 채용되고 있지. 뿐만 아니라 도시의 근대화, 공해문제, 에너지의 효율화 대책으로 지역냉난방의 채용도 이

루어지고 있단다.

　냉동기를 사용한 극저온의 이용은 금속, 고무, 플라스틱, 윤활유 등의 물성 연구나 측정기기, 통신기기 등에 사용되고 있단다. 특히 기계공업에서는 강재 조직의 안정 및 균일화, 알루미늄 합금의 시효 경화 방지 등을 위하여 사용하고 있지. 그리고 화학공업에서는 염소의 액화 등 화학약품의 액화, 석유의 정제, 에틸렌의 저온 증류, 기타 심냉 분리장치의 예냉장치 등에 사용하고 있고, 의약에서는 수혈용 혈장, 페니실린이나 기타 항성물질의 동결승화건조 등에도 이용하고 있단다.

　이 외에도 너무 많아 더 열거할 수는 없지만, 기후의 온난화나 수질오염 등으로 호수나 연못 등이 자연적으로 얼지 못하게 될 경우에 인공적으로 얼음을 얼려 스케이트를 탈 수 있도록 하는 아이스 스케이트 링크나 적설량이 부족한 스키장에서 보조적으로 눈을 만들거나 인공스키장을 건설하는 데에도 냉동이 응용되고 있단다. 또 댐이나 다리 등을 건설할 때 사용하는 콘크리트는 굳을 때 시멘트의 수화작용으로 발생하는 열로 인하여 갈라지는 현상이 일어나기도 하는데, 이때에도 발열량을 없애기 위하여 냉각공법이나 동결공법(-20℃) 등이 사용되며, 토목공사 등에서 일시적으로 땅속의 물을 차단하거나 내력벽을 만들 때 사용되는 지반동결공법도 있단다.

　그리고 염화비닐제품 등 염소를 원료로 하는 제품을 생산할 때 염소를 저온에서 응축하고, 염소가스 중의 불응축가스를 분리하는 데에도 냉동이 응용되고 있으며, 액화석유가스(LPG)나 액화천연가스(LNG)를 저장하거나 수송하는 데에도 냉동이 응용되고 있단다.

　더 나아가서는 첨단기술로써 MHD(magnetic hydro dynamic) 발전, 핵융합, 에너지 저장 등 초대형의 응용도 있고, 이러한 첨단기술은 초고속 전철, 컴퓨터산업, 우주통신분야 등에까지 확대되고 있단다.

　지금까지 열거한 것 중에서 잘 알지 못하는 단어라든가 그림이나 사진을 보고 싶으면 인터넷 등을 이용해서 알아보고, 더 많은 응용분야에 대해서는 너희들이 또 조사해 보면 재미있을 거야.

공기조화편

만화로 보는 냉동공조 이야기

1. 공기조화의 역사

오늘은 공기조화의 역사에 대해 공부해 보자. 캐리어는 공기조화 발달 및 보급에 공헌한 개척자라고 할 수 있단다.

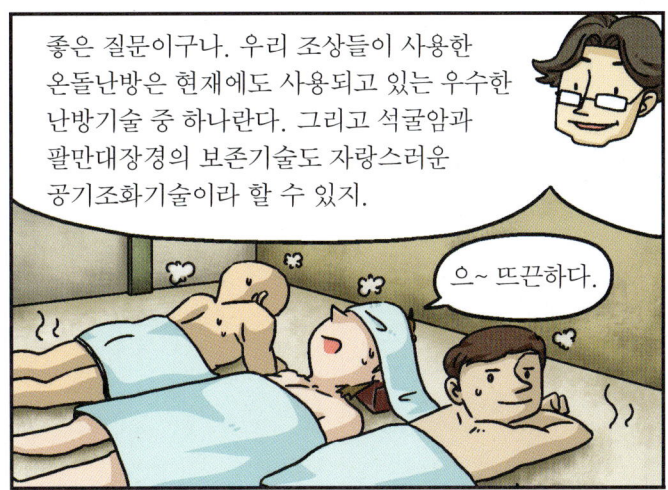

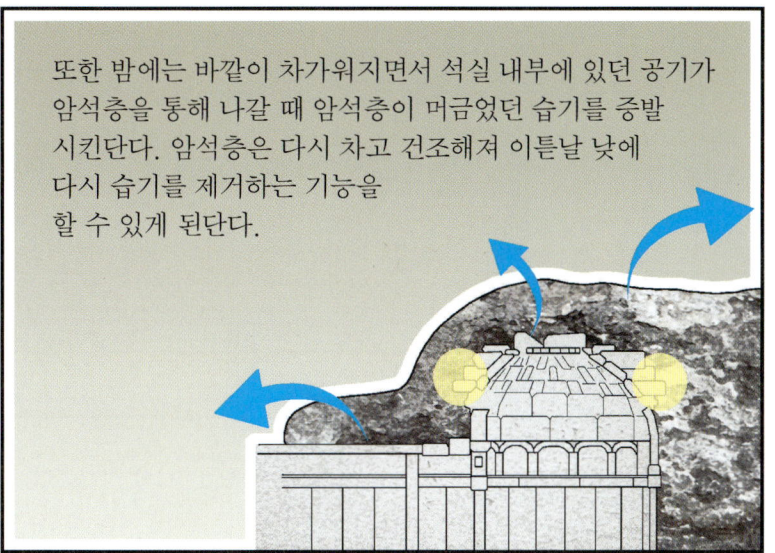

만화로 보는 냉동공조 이야기

2. 공기의 성분과 성질

박사님, 공기는 어떻게 구성되어 있나요?

공기는 질소 78%, 산소 21%이고, 나머지 1% 중에 아르곤, 탄산가스, 수분을 비롯하여 여러 개의 다른 분자로 구성되어 있지.

그리고 수분이 전혀 없는 공기를 건공기라고 하며, 우리들 주위의 공기는 이 건공기와 수분이 마치 깨소금의 깨와 소금처럼 서로 섞여 있지.

이처럼 수분을 포함한 공기를 습공기라고 한단다.

*영어로 건공기는 dry air, 습공기는 moisture air라고 함.

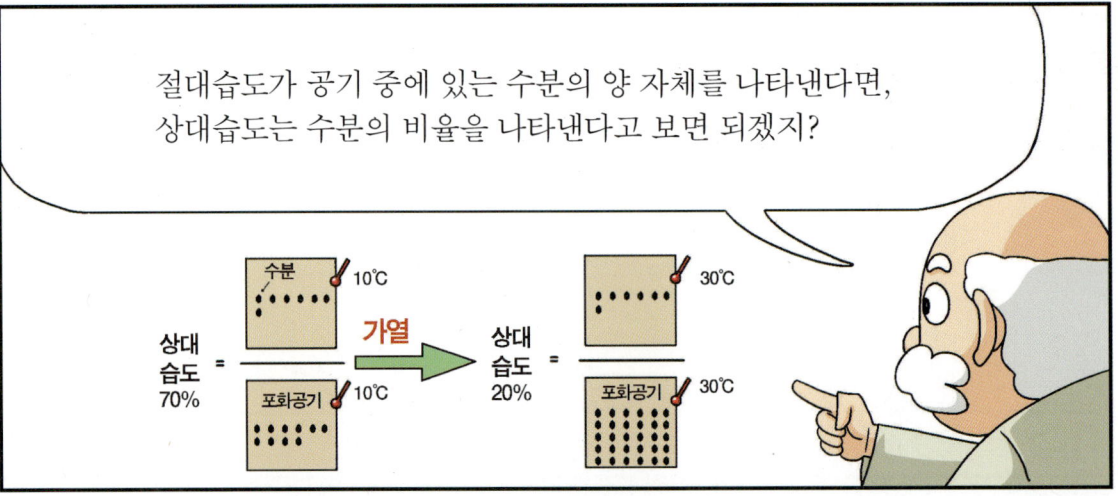

공기조화편

습공기선도는 배(공기조화호)가 목적으로 하는 항구(온도, 습도)에 도착하기 위한 가장 좋은 항로를 찾거나 현재 가고 있는 항로에 잘못은 없는지, 현재의 위치는 어디인지, 연료는 얼마나 필요한지 등을 검토하는 항해도와 같은 것이지.

이 선도 속에는 항로 표지판도 있어서 안전 항해를 돕고 있지.

습공기선도를 보면, 건구온도, 절대습도, 엔탈피, 상대습도, 비체적, 습구온도 등이 있으며, 이 중에서 2가지 상태만 알면, 모든 습공기의 상태를 알 수 있지.

그리고 공기를 가열, 냉각, 가습, 감습하면 어디로 항해를 해야 되는지 방향을 알려 주는 등대와 같은 SHF(*현열비)와 U(*열수분비)가 표시되어 있지.

음~ 조금은 복잡하고 어렵네요.

그러나 그림을 통해서 설명을 하면 이것도 쉽게 이해할 수가 있지.

*영어로 현열비는 sensible heat factor이며, 습공기가 변화할 때의 현열량과 총열량의 비율을 말함.
*영어로 열수분비는 moisture ratio이며, 열량과 수분량의 비율을 말함.

159

3. 실내공기의 품질

박사님! 우리가 공기 속에 살면서 호흡을 하는 데 좋은 공기란 어떤 공기인가요?

우리는 공기 속에서 살면서도 공기의 중요성을 모르고 살고 있지. 허 군은 우리가 하루 동안 가장 많이 섭취하는 것이 무엇인지 알고 있나?

물 아닌가요?

우리는 하루에 물은 약 3리터(3 kg), 음식물은 한 끼에 400 g이라고 보면 세 끼에 1.2 kg, 공기는 호흡량이 약 1000리터(12 kg)이니까 무게로 비교해도 음식물의 10배를 먹고 있는 셈이지.

형님! 형님! 오냐!

공기조화편

*공기조화의 4요소란 공기조화를 하기 위해 조절해야 하는 온도, 습도, 기류, 청정도를 말함.
*IAQ란 Indoor Air Quality의 약자로 실내공기의 질을 나타냄.

4. 공기의 상태변화

만화로 보는 냉동공조 이야기

*이슬점은 노점이라고도 하고, 영어로는 dew point이며, 공기의 온도가 낮아지면 공기 중의 수증기가 이슬로 바뀌는 온도를 말함.

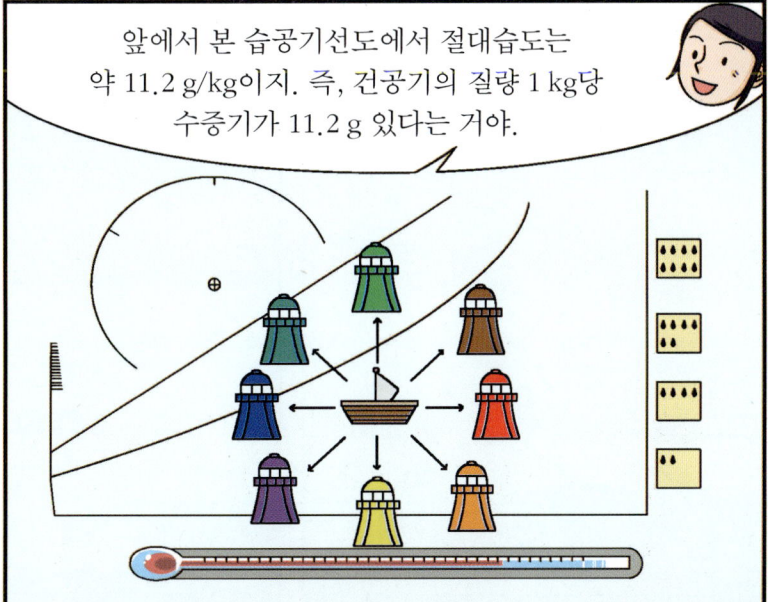

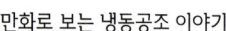

5. 에어컨과 기관지

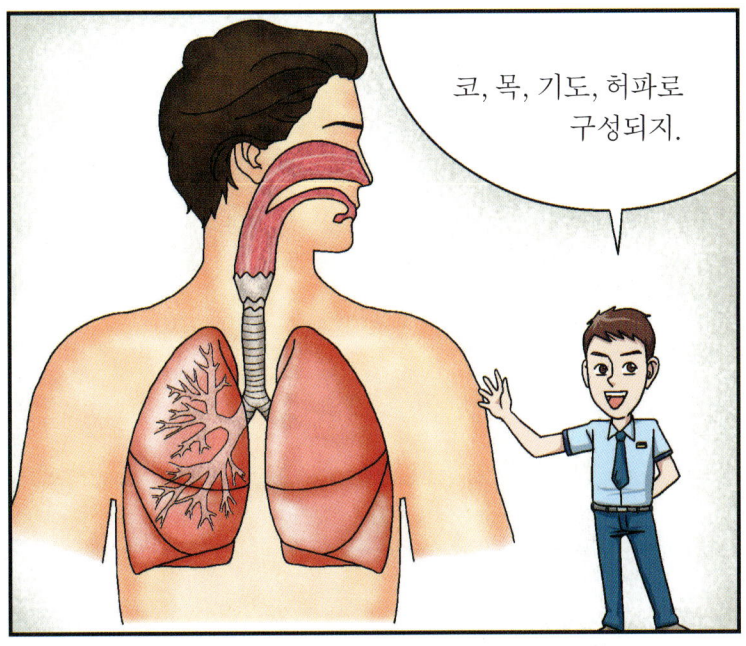

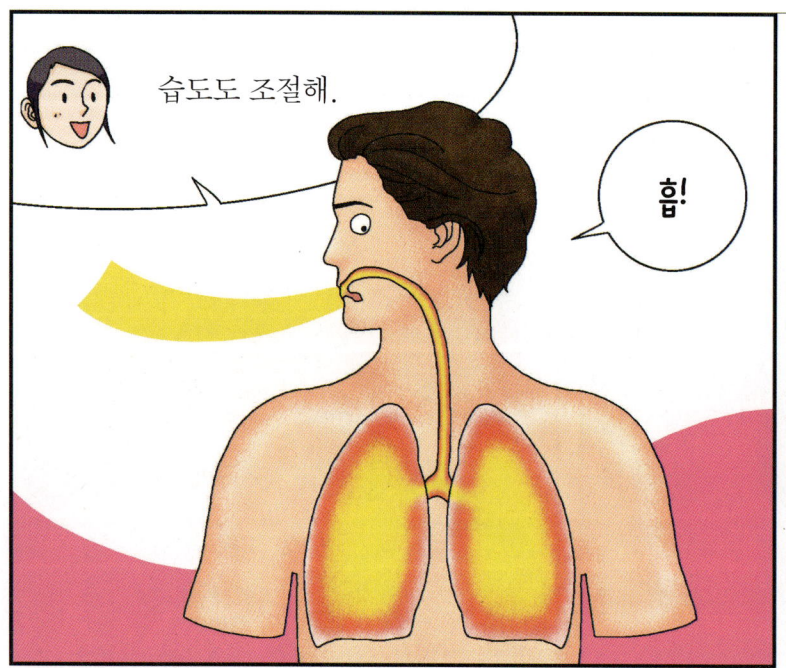

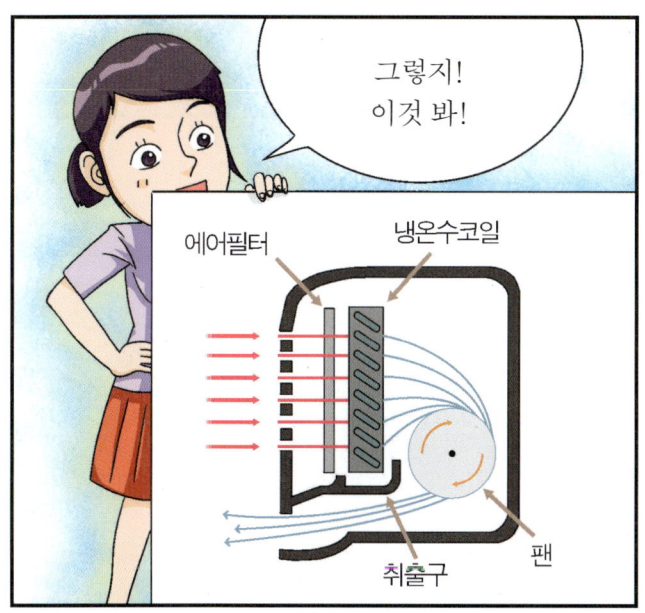

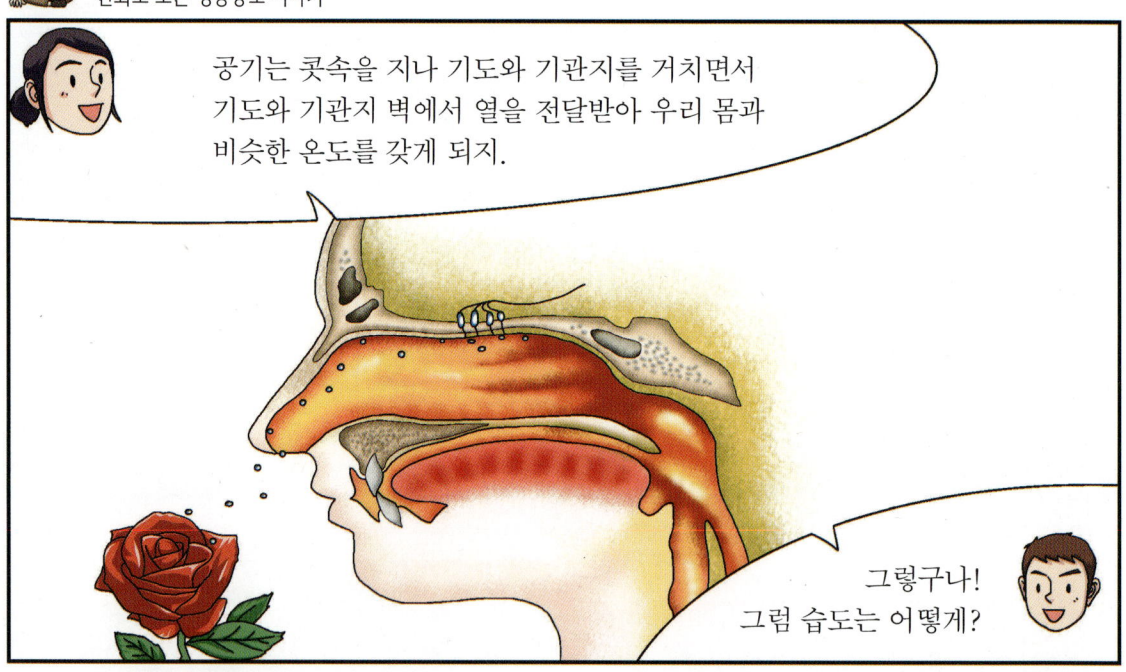

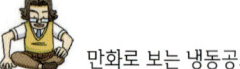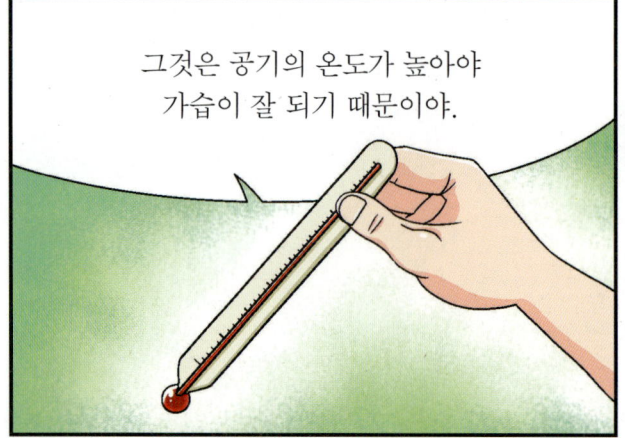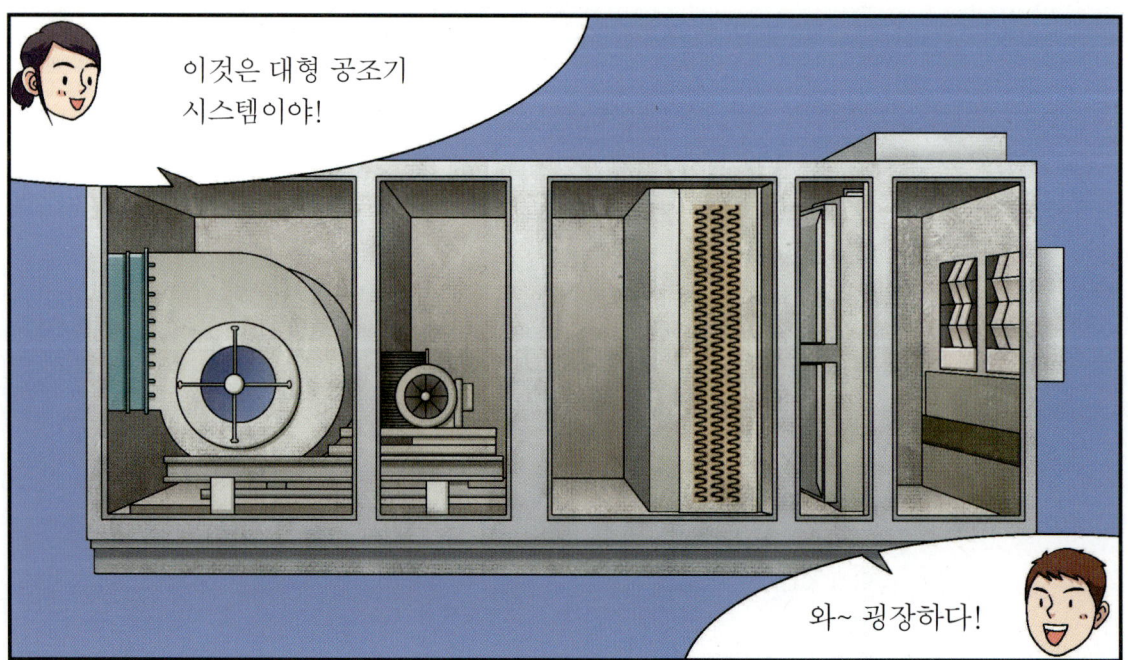

*영어로 댐퍼는 damper라고 함.

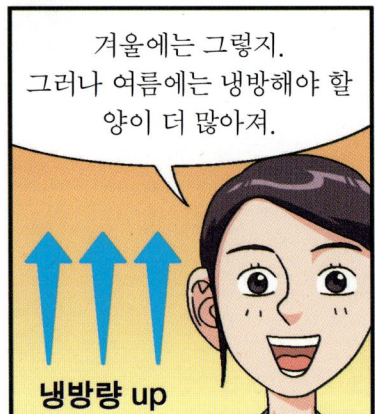

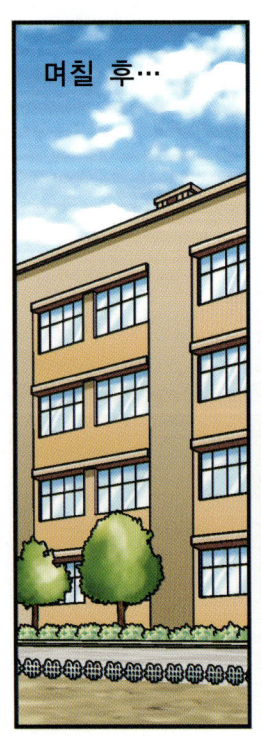

*영어로 팬은 fan이라고 함.

6. 습도 변화와 열량

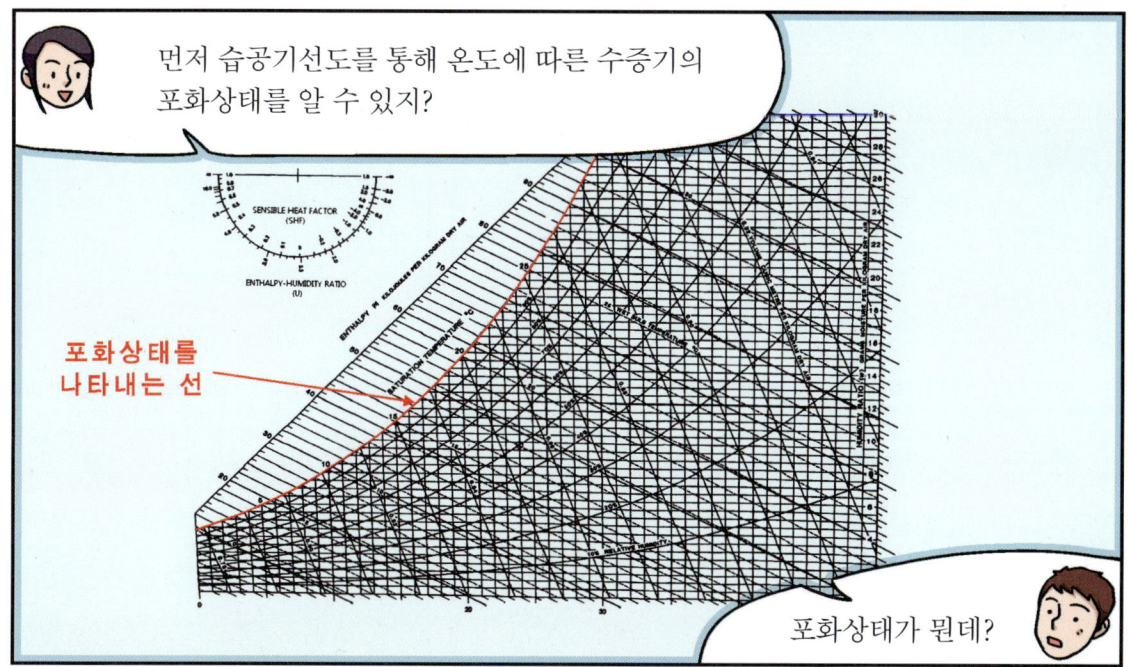

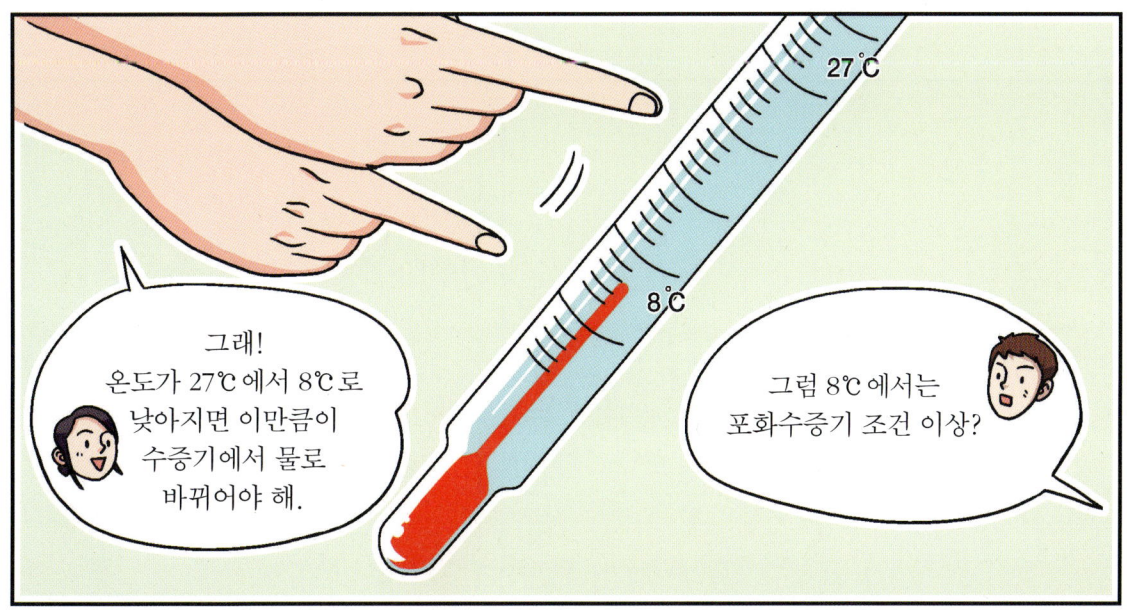

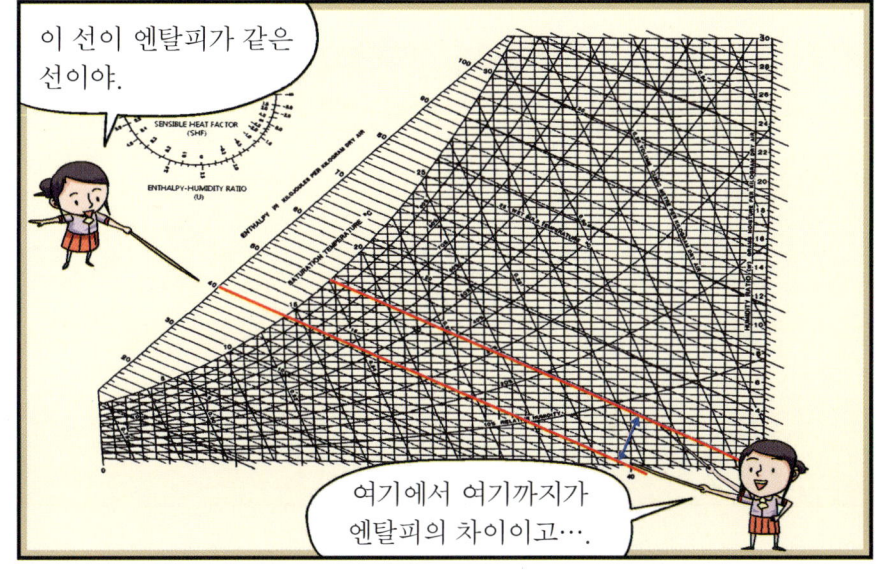

공기조화편

7. 열의 차단과 열부하

 만화로 보는 냉동공조 이야기

공기조화편

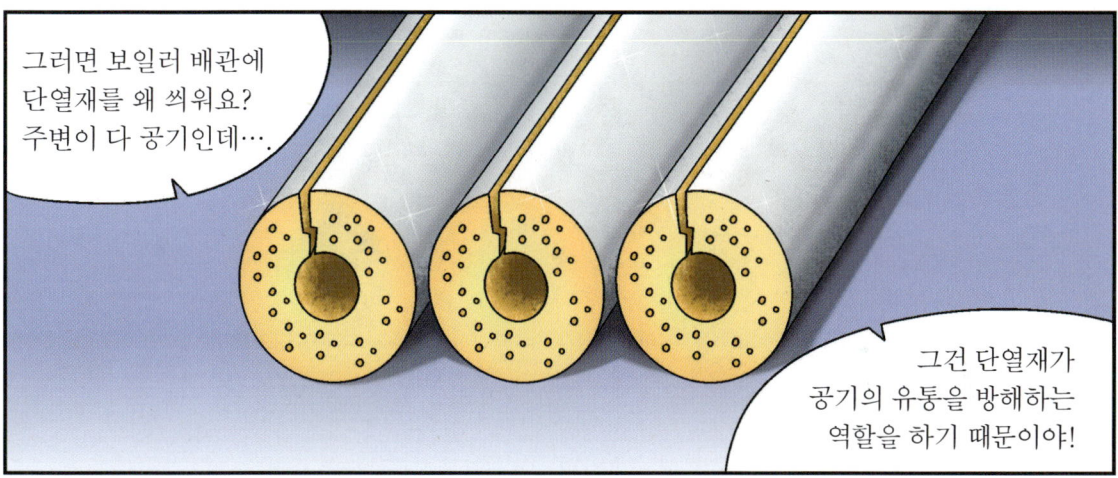

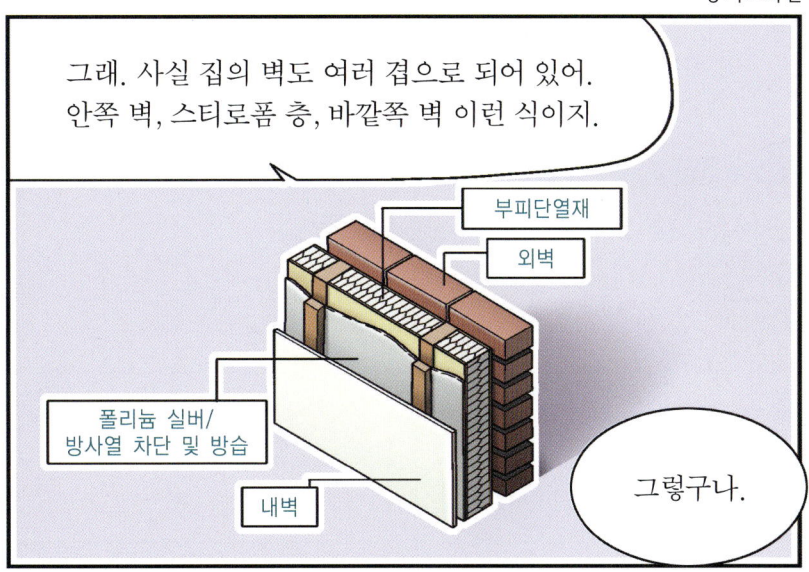

8. 공기조화의 방식

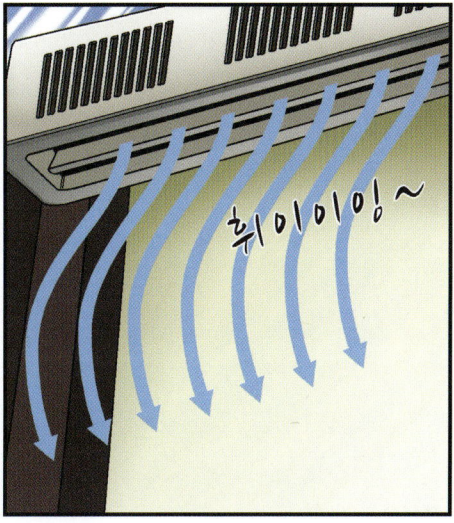

만화로 보는 냉동공조 이야기

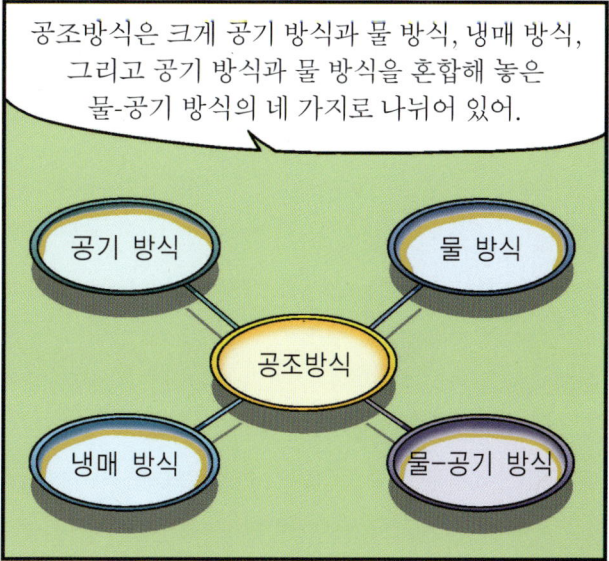

만화로 보는 냉동공조 이야기

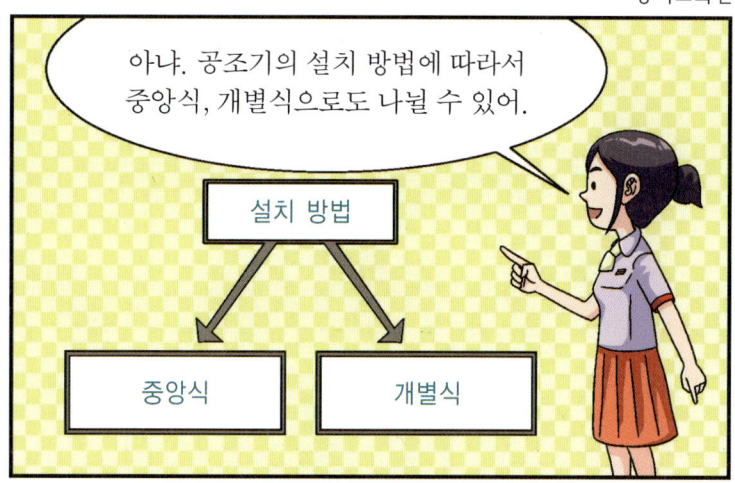
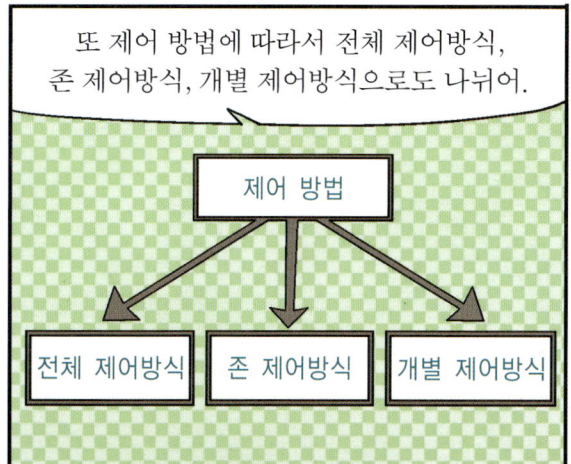
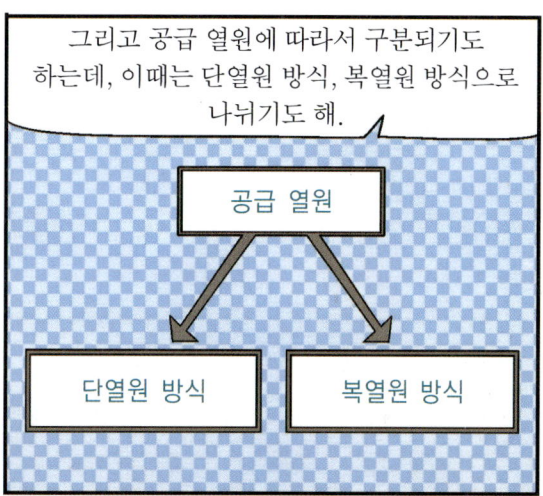

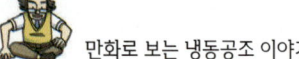

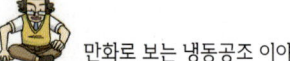

공기조화편

만화로 보는 냉동공조 이야기

9. 공기조화기의 구성

공기조화편

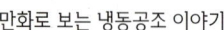

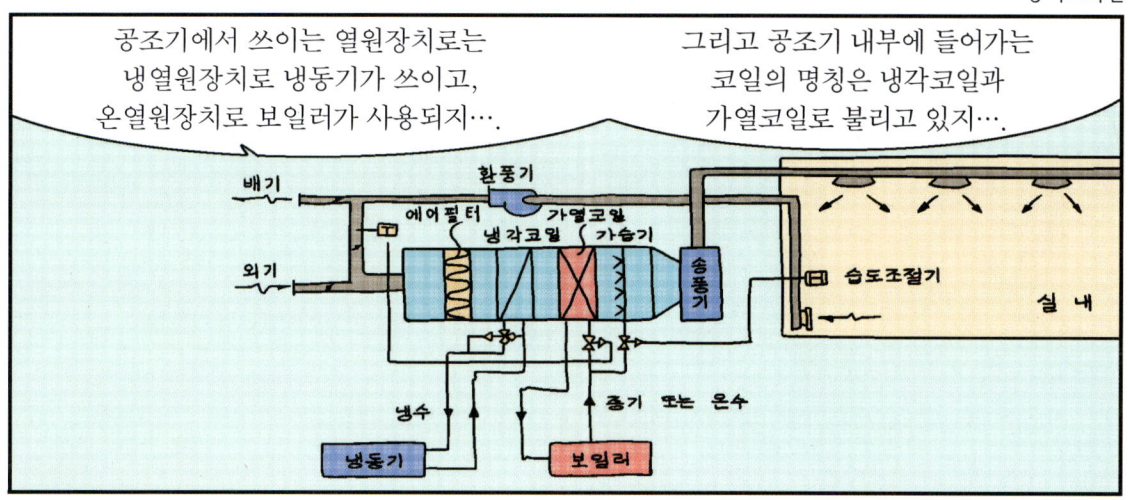

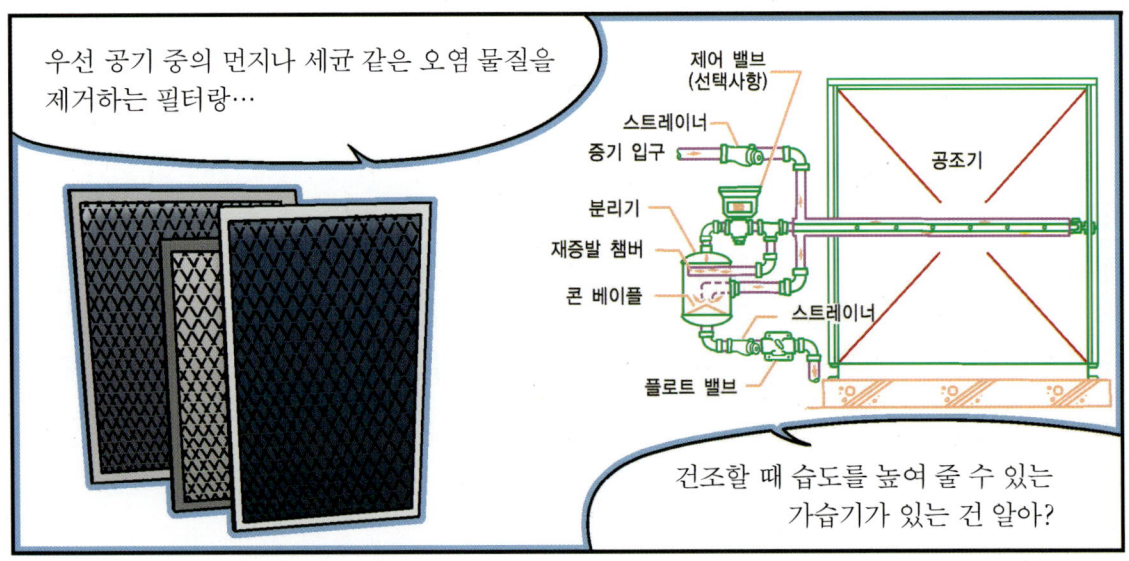

공기조화편

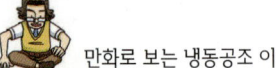

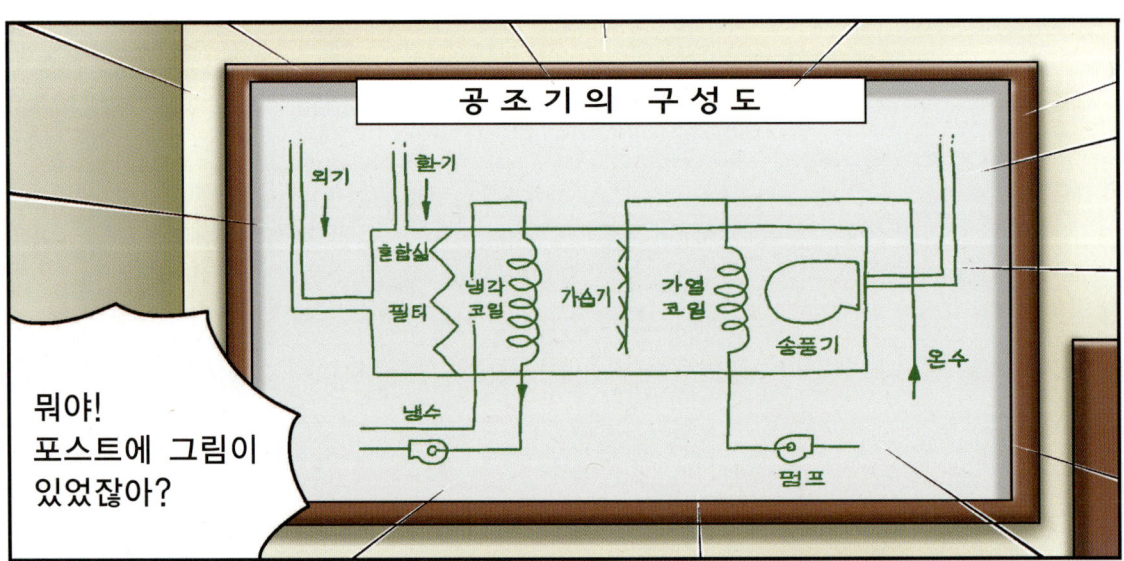

공기조화편

10. 펌프와 송풍기

*영어로 터보팬은 turbo fan임.

*영어로 펌프와 팬은 각각 pump, fan임.

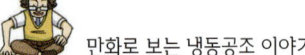

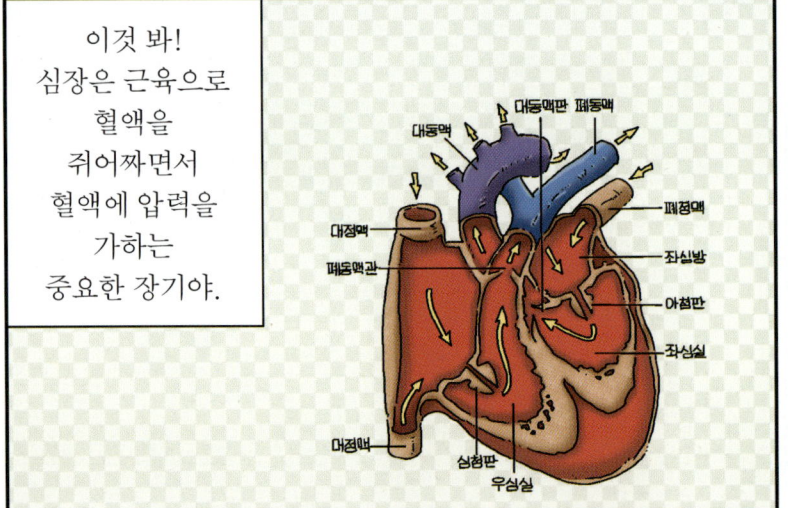
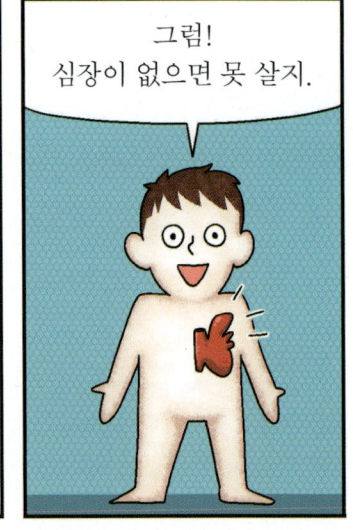

*다이아프램 펌프(diaphragm pump)는 다이아프램 운동에 의해 유체를 흡입·토출하는 체적형 펌프의 일종.
*영어로 에어펌프는 air pump임.

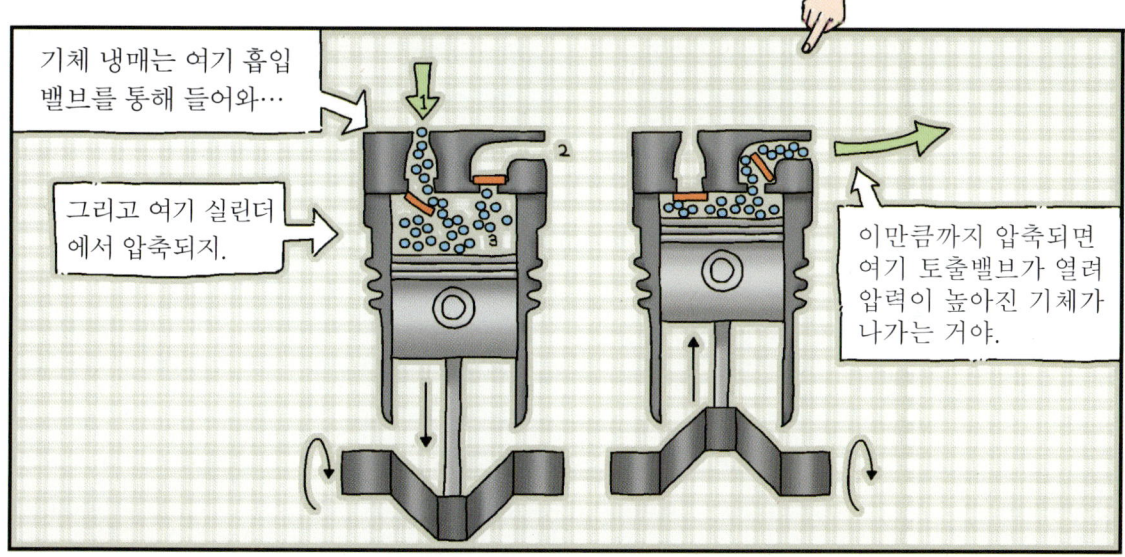

*피스톤 펌프(piston pump)는 피스톤의 왕복 운동으로 흡수 및 배출을 하는 펌프.

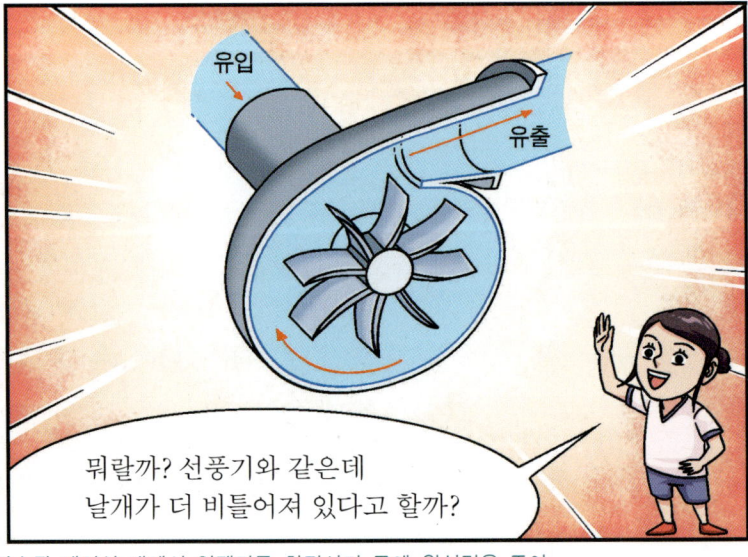

*원심펌프(centrifugal pump)는 만수된 케이싱 내에서 임펠러를 회전시켜 물에 원심력을 주어 압력이 생기도록 하여 물을 낮은 곳에서 높은 곳으로 올리는 펌프.

공기조화편

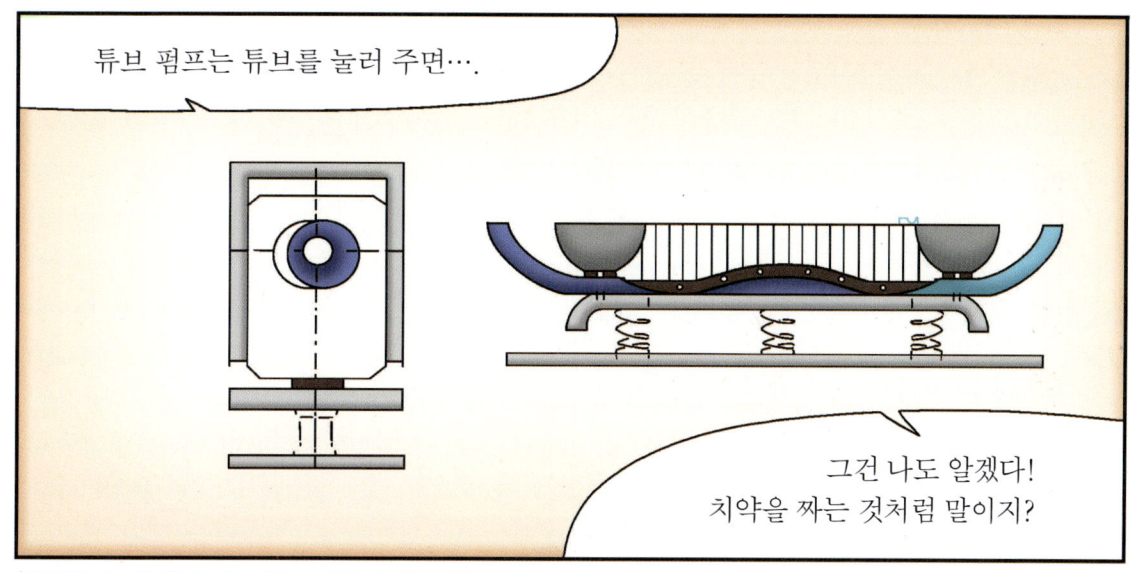

*영어로 스크롤 펌프, 튜브 펌프, 기어 펌프는 각각 scroll pump, tube pump, gear pump이며, 블레이드는 blade임.

239

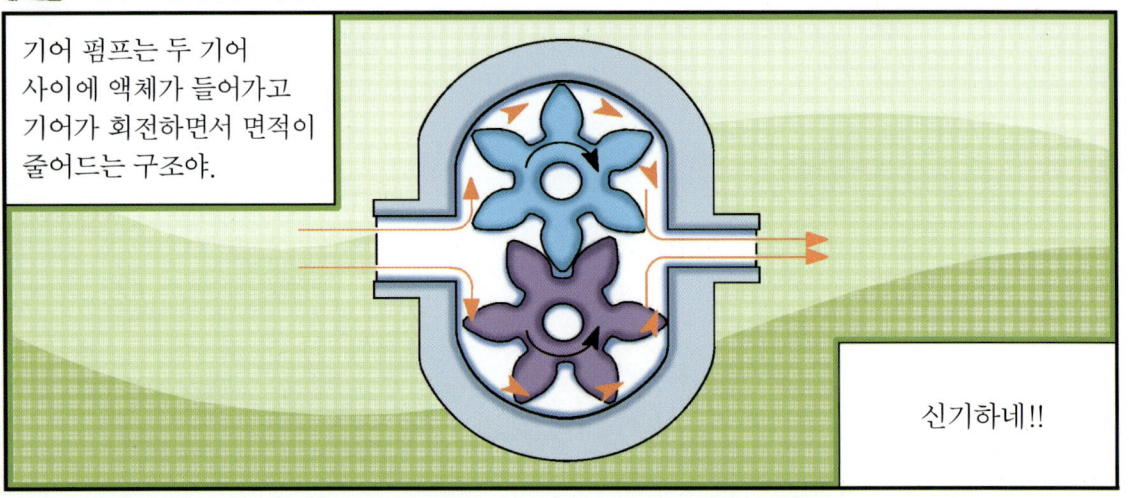

기어 펌프는 두 기어 사이에 액체가 들어가고 기어가 회전하면서 면적이 줄어드는 구조야.

신기하네!!

그런데 펌프의 동력은 어떻게 계산하니?

팬과 거의 같아.

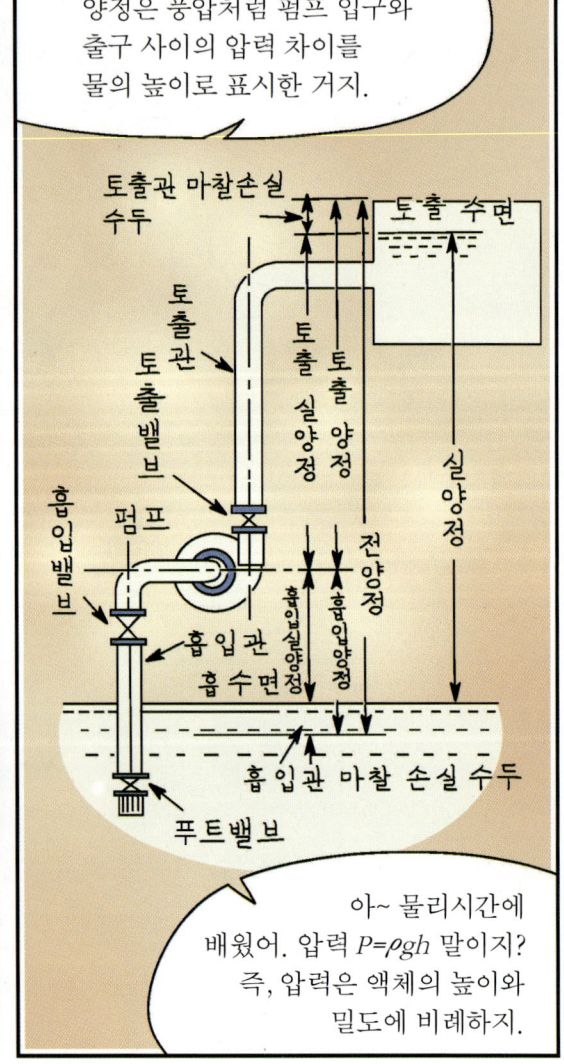

양정은 풍압처럼 펌프 입구와 출구 사이의 압력 차이를 물의 높이로 표시한 거지.

아~ 물리시간에 배웠어. 압력 $P=\rho gh$ 말이지? 즉, 압력은 액체의 높이와 밀도에 비례하지.

펌프는 양정과 토출량으로 표시하는데, 양정은 풍압과 같고, 토출량은 풍량과 같지.

양정이 뭐니?

11. 공기가 다니는 길

공기조화편

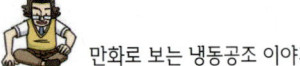
만화로 보는 냉동공조 이야기

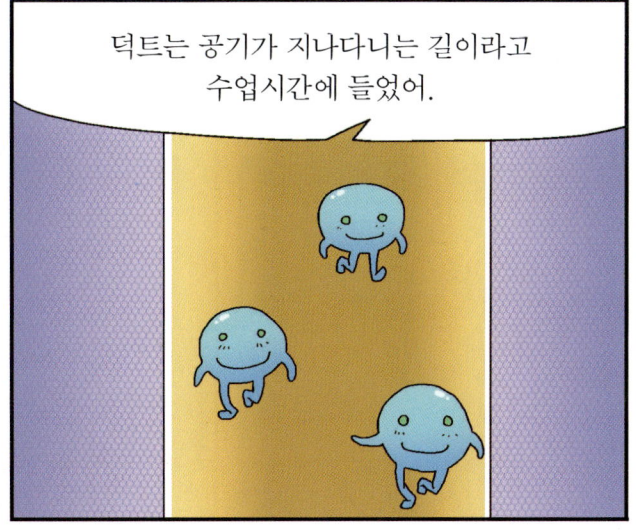

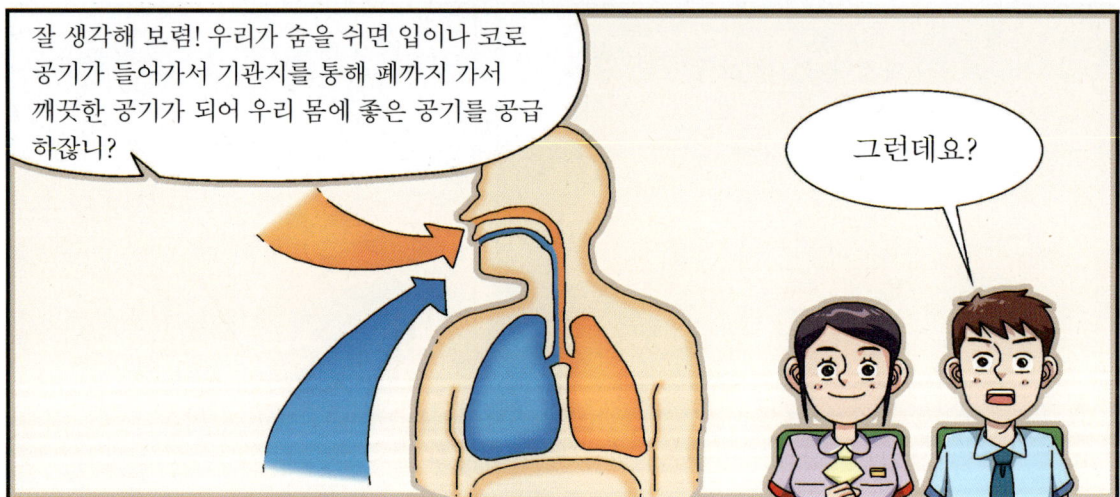

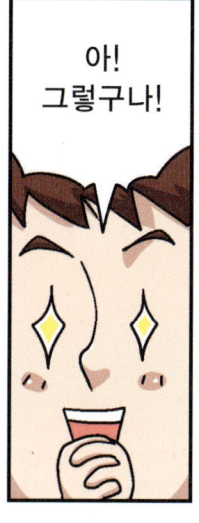

만화로 보는 냉동공조 이야기

실내에서 사용한 공기를 밖으로 버리기 위해 사용되는 덕트를 *배기덕트라고 한단다.

아까워

아까워

그러나 공조장치에서 애써 조절한 공기를 밖으로 모두 버리게 되면 에너지가 낭비된단 말이야! 그래서 실내에서 밖으로 버리는 공기 중 일부를 공조장치로 되돌리기도 하는데 이때 사용되는 덕트를 환기덕트라고 하지.

그럼 실내로 들어가는 공기가 모자랄 수도 있잖아요?

그래서 실내에서의 공기를 모두 버리지 않을 때에는 환기덕트와 함께 새로운 공기를 끌어들이는 *외기덕트도 필요하지!

252   *영어로 배기덕트는 exhaust air duct, 외기덕트는 outdoor air duct라고 함.

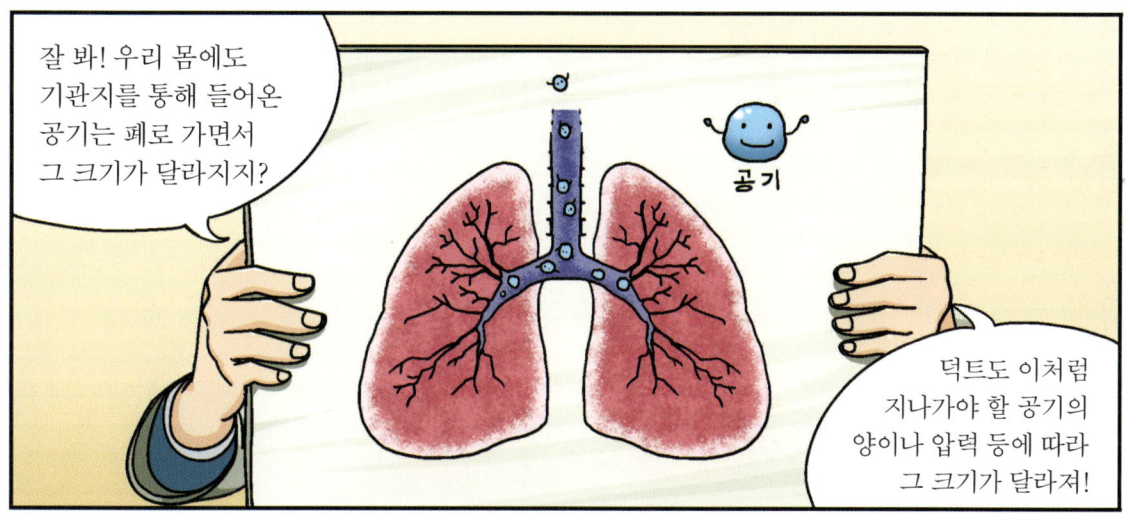

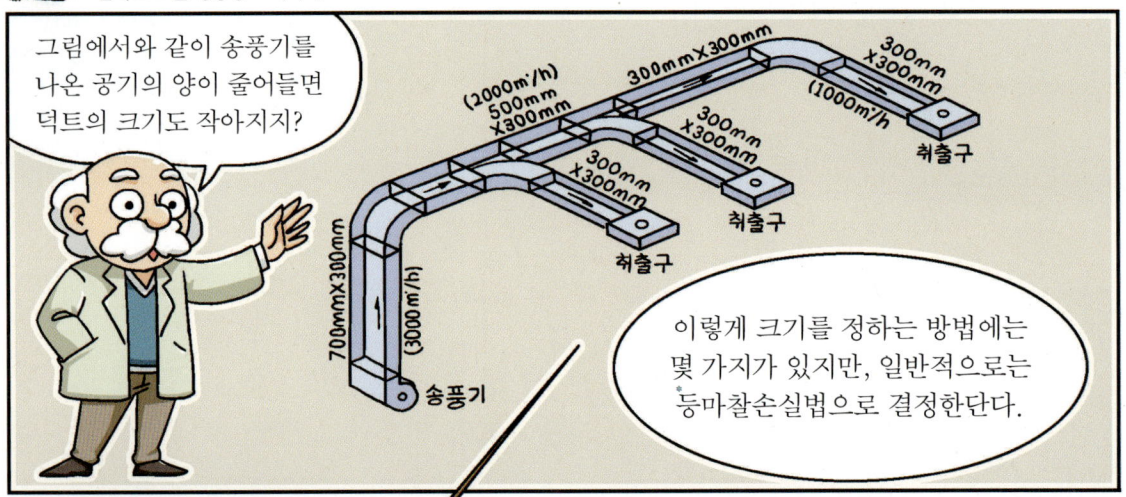

*등마찰손실법이란 덕트 전체에서 공기의 이동에 따른 마찰손실을 일정하다고 보고 공기 양에 따라 덕트의 크기를 결정하는 방법임.

냉 박사예요!
빙수와 연아가 공기가 다니는 길에 대해 알고 싶은 모양이구나!
빙수가 이야기했던 취출구를 포함하여 어떤 것들이 있는지 한번 정리해 볼까?

❖ 쓰임새에 따른 덕트의 종류

덕트는 쓰임새에 따라 구분할 수 있는데, 공기가 필요한 장소(실내 등)로 보내주는 데 쓰이는 것을 급기덕트라 하고, 어떤 장소(실내 등)에서 오염된 공기를 밖으로 빼내는 데 쓰이는 것을 배기덕트라 하며, 공기를 어떤 장소에서 공기조화기로 되돌리는 데 쓰이는 것을 환기덕트라 하지. 이 외에도 바깥 공기를 받아들이는 데 쓰이는 외기덕트, 화재가 났을 때 연기를 빼내는 데 쓰이는 배연덕트 등 여러 가지가 있단다. 그리고 배기덕트는 공조에서뿐만 아니라 냄새 등 오염물질을 빨리 빼내기 위해서 여러 장소에서 사용되고 있단다.

❖ 모양에 따른 덕트의 종류

덕트의 모양으로는 보통 그림과 같은 원형과 사각형이 많이 쓰이고, 이 외에도 필요에 따라 삼각형, 타원형 등 여러 가지로 만들 수 있지.

[원형 덕트]   [사각형 덕트]

❖ 덕트와 함께 있어야 할 것들

덕트가 제대로 쓰이기 위해서는 여러 가지가 함께 있어야 하는데, 그중 하나가 취출구와 흡입구란다. 여기서 취출구는 덕트를 통해 이동된 공기가 빠져나가는 곳이고, 흡입구는 어떤 장소에 있는 공기를 덕트 속으로 끌어들이는 곳이란다. 그런데 이들의 종류는 설치 위치나 쓰임새에 따라 무척 많단다.

[아네모스탯형]   [라인형]   [노즐형]
[펑커루버형]   [베인(격자)형]

그리고 덕트 속에서 이동하는 공기의 양을 조정할 수 있도록 하는 것도 있는데, 이것을 댐퍼라고 하지. 여기에는 덕트의 모양이나 크기에 따라 여러 가지의 모양이 사용된단다. 이 외에도 화재가 발생했을 때 덕트를 통해 그 화염이나 연기가 다른 방으로 이동하지 못하도록 하는 댐퍼도 있지. 이들을 각각 방화 댐퍼, 방연 댐퍼라고 한단다.

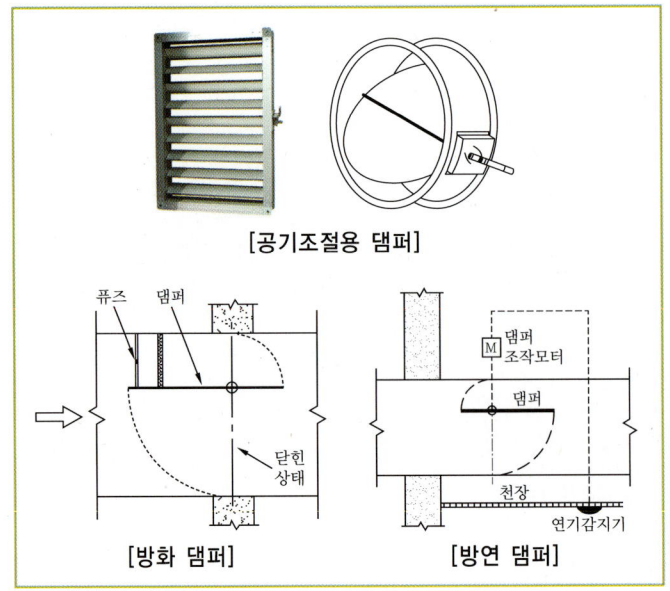

이 외에도 덕트 속의 공기 상태를 조절하기 위한 각종 제어장치나 덕트를 통해 열이 출입하지 못하도록 하는 단열설비, 그리고 덕트를 통해 소음이나 진동이 전달되지 못하도록 하는 설비 등 여러 가지가 함께 사용되어야 하지.

더 설명을 해주었으면 좋겠지만 너무 많아서 힘들 것 같구나. 기회가 되면 더 설명해 주도록 하고, 오늘은 여기까지 설명하마.